航空类专业职业教育系列"十三五"规划教材

航空工程材料

主　编　李　斌　吴悦梅

编　者　李　斌　吴悦梅　王秋林　王新玲　付成龙

主　审　谢太熹

西北工业大学出版社

西　安

【内容简介】 本书的主要内容包括航空工程材料的发展、金属材料的力学性能、金属学基础知识、热处理基础知识、常见工程材料(包括碳钢、合金钢、有色金属、高温合金、非金属材料和复合材料)及其在航空工程中的应用。本书在内容编排上对于金属学基础理论知识以够用为原则,强调工程材料的实际应用,突出能力培养,增加了教材的实用性。

本书可以作为高职院校航空、机械、材料类专业航空工程材料课程的教材,也可作为相关行业工程技术人员的参考用书。

图书在版编目(CIP)数据

航空工程材料/李斌,吴悦梅主编.—西安:西北工业大学出版社,2019.8(2024.9重印)
ISBN 978 - 7 - 5612 - 6516 - 1

Ⅰ.①航⋯ Ⅱ.①李⋯ ②吴⋯ Ⅲ.①航空材料
Ⅳ.①V25

中国版本图书馆 CIP 数据核字(2019)第 183958 号

HANGKONG GONGCHENG CAILIAO
航 空 工 程 材 料

责任编辑:朱晓娟   策划编辑:杨 军
责任校对:万灵芝   装帧设计:李 飞
出版发行:西北工业大学出版社
通信地址:西安市友谊西路 127 号   邮编:710072
电   话:(029)88491757,88493844
网   址:www.nwpup.com
印 刷 者:陕西奇彩印务有限责任公司
开   本:787 mm×1 092 mm   1/16
印   张:10.125
字   数:266 千字
版   次:2019 年 8 月第 1 版   2024 年 9 月第 4 次印刷
定   价:49.00 元

前　言

　　航空工程材料是高等职业院校各机械类相关专业(如航空机电设备维修、飞行器制造技术等)开设的一门专业基础课。结合高职高专教育的人才培养目标,本书从实用角度出发,以材料的力学性能和改性处理为核心,以组织结构、热处理与材料性能之间的关系为主线,重点培养学生合理应用材料的能力。航空工程材料有别于一般的机械工程材料,是因为其除了具有一般工程材料的工艺性、安全可靠性、经济性等要求以外,不但要求材料的强度高、刚度高,而且还要求其质量轻。这种性能要求在保证飞机高强度的同时能减轻飞行器结构质量,对提高飞机的机动性能、增加其运载能力、减少燃油消耗、增加航程都具有重要意义。

　　本书所采用专业术语、性能符号和材料编号等均使用最新颁布的国家标准。

　　本书内容具体如下:

　　绪论:简单介绍了航空工程材料的发展。

　　模块1:金属材料的力学性能,是本书重点内容之一,详细介绍了强度、塑性、硬度、冲击韧性等性能及其工程实际应用。

　　模块2:金属学基础知识,主要介绍了金属材料的微观组织结构、塑性变形和再结晶等基本概念,以及其对性能的影响规律。本模块根据学时可适当选讲。

　　模块3:铁碳合金及其相图,重点介绍了铁碳合金成分、组织与性能的变化规律及其实际应用。

　　模块4:钢的热处理,也是本书的重点内容之一。热处理作为提高和改善钢的性能的工艺方法在工程中得到了广泛应用,如飞机上的金属零件大都要经过热处理后才能使用。本模块重点介绍了C曲线和四种普通热处理工艺(即退火、正火、淬火及回火)的工艺特点及应用。

　　模块5:黑色金属材料,介绍了机械工程中常用的碳钢、合金钢、铸铁以及航空工程中应用的不锈钢和高温合金,重点介绍了不同类型的碳钢及合金钢的常见牌号、性能及应用特点。

　　模块6:有色金属材料,介绍了铝、铜、镁、钛及其合金,重点介绍了铝合金及钛合金常见牌号、性能特点及其在航空工程中的应用。

　　模块7:非金属材料,其中,7.1节为高分子材料,主要介绍了高分子材料及其在航空工程中的应用,重点介绍了热塑性和热固性塑料的性能特点;7.2节为陶瓷材料,主要介绍了常见的陶瓷材料。

模块 8:树脂基复合材料。复合材料是由两种或两种以上在物理和化学上不同的物质组合起来而得到的一种多相固体材料。与传统材料相比,复合材料具有高的比强度和比模量,相对铝合金,可以实现飞机减重 20%～30%。本模块主要介绍了复合材料的分类及树脂基复合材料的典型成型工艺,重点介绍了碳纤维及玻璃纤维增强树脂基复合材料在航空工程中的应用。

本书由成都航空职业技术学院航空工程学院的老师共同编写完成,李斌、吴悦梅任主编。具体章节撰写情况如下:绪论、模块 1～模块 4 由李斌编写;5.1～5.3 节由王秋林编写;5.4～5.5 节由付成龙编写;模块 6,7.2 节和模块 8 由吴悦梅编写;7.1 节由王新玲编写。

本书由谢太熹教授指导及审核,本书的出版还得到了成都航空职业技术学院同事及领导的关心和支持。在编写过程中,参阅了国内外出版的有关文献资料,在此一并对其作者致以衷心的感谢。

由于水平有限,书中不妥之处在所难免,恳请读者批评指正。

编 者
2019 年 5 月

目　录

绪 论

❖学习目标：
(1)了解材料及其分类、航空工程材料的发展过程；
(2)了解材料知识在航空制造和维修中的应用。

0.1 材料与人类社会发展

材料是人类用于制造各种物品、器具、零件、机器或其他产品的物质，是人类生产和生活所必需的物质基础。

自远古人类学会制造工具开始，材料就与人类社会发展和生产力密不可分，人们还根据某个时期使用的生产工具的材料将人类文明历史划分为石器时代、青铜器时代、铁器时代和多种材料时代。

1. 石器时代

远古时期，原始人类主要以石器作为主要生产工具。例如，燧石和角岩被削尖用来作为切东西的工具或武器，而砂岩则被用来制成石制磨具。

石器时代后期，火的发现使人类多了一种改造自然的武器，人类对材料的使用由天然材料向人工材料发展。例如，利用黏土等材质烧制陶器。

2. 青铜器时代

青铜器时代是人类利用金属的第一个时代，在考古学上以使用青铜器作为这个时代的标志。青铜是铜和锡的合金，由于青铜的熔点比较低，约为800℃，容易熔化和铸造成型。

我国是世界上最早使用铜和铁的国家之一。我国青铜的冶炼始于公元前2000年，在晚商、西周时期达到鼎盛。现存的后母戊鼎是世界上最古老的大型青铜器之一，于河南安阳晚商遗址出土，高133 cm，质量达875 kg，纹饰优美，是我国古代冶金技术、制造工艺和文化艺术高度发达的见证。

3. 铁器时代

铁器时代是以能够冶铁和制造铁器为标志的。铁矿的高蕴含量使得铁比青铜更为便宜，且铁器坚硬，使用性能更优越，应用面比较广，对铁器的需求很快超过了青铜器。由铁制作的农具、手工工具及各种兵器得以广泛应用，极大地促进了社会生产力的发展。

我国古代人民在金属材料与热处理方面取得了辉煌的成就。明朝宋应星所著的《天工开物》是世界上第一部介绍金属材料加工工艺的百科全书。书中记载了古代冶铁、炼钢、铸造、锻造和热处理等多种金属加工方法。其中，锉刀和针的制造过程与现代工艺几乎相同。

4.多种材料时代

18 世纪,钢铁工业的发展,成为工业革命的重要内容,并为其提供了物质基础。19 世纪中叶,现代平炉和转炉炼钢技术的出现,使人类真正进入了钢铁时代。与此同时,铜、铅、锌、铝、镁、钛等金属相继问世并得到应用。直到 20 世纪中叶,金属材料一直在材料工业中占有主导地位。

20 世纪中叶以后,科学技术迅猛发展,新材料的不断出现促进了人类科技文明的进步。人工合成高分子材料、陶瓷材料和复合材料(复合材料是由两种以上不同性质的材料经过人工合成而得到的一种新的材料,可获得比单一材料更优良的综合性能)的发展进一步推动了航空航天的发展。

0.2 工程材料的分类

材料按性能特点和用途可分为功能材料和结构材料。

功能材料是以其物理、化学性能为主要的使用性能,用于制造有特殊功能要求的元器件的材料。功能材料主要有导电材料、半导体材料、磁性材料和光学材料等。

结构材料是以其力学性能为主要的使用性能,用于制造需要承受和传递一定载荷的工程结构件和机器零件的材料,通常称为工程材料。结构材料包括机械、船舶、建筑、化工、车辆和航空航天等领域经过人工提炼或制造出的用于制作工程结构件和机器零件的各种固体材料。

机械工程中使用的材料按化学组成可以分为金属材料、非金属材料和复合材料三大类,如图 0-1 所示。

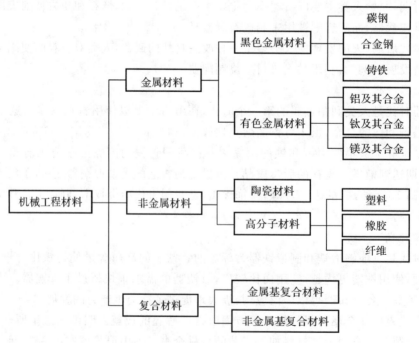

图 0-1 工程材料的分类

金属材料应用最广,用量也最大,是最重要的工程材料之一,主要包括黑色金属材料(钢和铸铁)和有色金属材料(铝合金、钛合金、镁合金、铜合金等)。金属材料具有良好的力学性能和工艺性能,可以通过经济简单的方法加工制成零件,因而广泛应用于各机械设备、航空航天领域。钢铁材料不仅具有优异的力学性能和工艺性能,而且价格便宜,其用量占所有金属总量的60%。有色金属具有较好的力学性能,而且具有某些特殊的物理及化学性能,应用也很广泛,其中铝合金是航空制造业不可或缺的一种材料。

非金属材料主要指除了金属材料和复合材料之外的其他材料,主要包括陶瓷和高分子材料。高分子材料主要有塑料、橡胶、合成纤维和胶黏剂,高分子材料具有某些有别于金属的独特性能,加工方便、成本低,应用也比较广。

复合材料是由两种以上不同性质的材料复合而成的多组分材料,其中强度较高、作为主要承受载荷的组分为增强体材料,将增强体黏结成一个整体的称为基体材料。通常根据基体材料的不同,复合材料分为金属基复合材料和非金属基两大类。

0.3　航空工程材料简介

1.航空工程材料的性能特点

航空工程材料泛指用于制造航空飞行器、航空发动机和机载设备等所用各类材料的总称。航空结构材料主要指用于制造飞行器的各种结构部件,能够承受各种载荷的材料,例如飞机的机体材料和发动机壳体材料。飞行器作为一个整体,还会用到少量的非结构性材料,如密封、减振和降噪功能的材料等。功能材料包括电子信息材料、飞机隐身技术用的透波材料和吸波材料等。

航空工程材料有别于一般的机械工程材料,是因为其除了具有一般工程材料的工艺性、安全可靠性、经济性等要求以外,还有一些突出的性能要求。

航空工程材料最突出的性能要求是:材料的比强度高和比模量大。比强度是材料的抗拉强度与其密度的比值,比模量是材料的弹性模量与其密度的比值。也就是说,不但要求材料的强度高、刚度高,而且还要求其质量轻。这种性能要求在保证飞机高强度的同时能减轻飞行器结构质量,对提高飞机的机动性能,增加其运载能力,减少燃油消耗,增加航程具有重要意义。

此外,飞行器还需具有优良的耐高温和耐低温性能。这是由于高速飞行的飞行器,其蒙皮温度最高时可达 1 000 ℃以上,航空发动机的工作温度甚至可达 2 000 ℃,并且飞行器在飞行过程中还要经受各种气候条件的影响,有时会在较低的温度下工作。

2.航空工程材料的历史与发展

航空工程材料从最初的木布结构经历了 5 个发展阶段,到了现在已经形成了以复合材料为主,铝合金、钛合金、合金钢并存的现代航空工程材料体系。飞机飞行速度也从最初的16 km/h提升到超过 3 倍的声速。

(1)第 1 阶段:1903—1919 年,机体材料为木布结构。

1903 年,莱特兄弟制造出世界上第一架动力飞机——"飞行者 1 号"。该飞机主要采用轻质木料作为骨架,以布为蒙皮。飞机的飞行速度只有 16 km/h。

(2)第 2 阶段:1920—1949 年,机体材料为铝、钢。

1912 年,德国人汉斯·雷斯涅尔成功设计出第一架铝合金的全金属单翼飞机,直至 20 世纪 30 年代,全金属承力蒙皮开始成为普遍的结构形式,40 年代的全金属结构飞机的承载能力已大大增加,飞行速度超过了 600 km/h。

(3)第 3 阶段:1950—1969 年,机体材料为铝、钛、钢。

钛合金于 20 世纪 50 年代成功研制,开始广泛应用于发动机高温部位,自此飞机的性能大幅度提高,最大飞行速度达到了 3 倍的声速。

(4)第 4 阶段:1970 年—21 世纪初,机体材料以铝合金为主,还有铝、钛、钢和复合材料。

复合材料问世以来以其较高的比强度和良好的工艺性,在飞机结构中应用逐渐增多。如美国 1970 年的 F-14"雄猫"可变后掠翼战斗机,其机体结构中有 25% 的钛合金、15% 的钢、36% 的铝合金,还有 4% 的非金属材料和 20% 的复合材料。

(5)第 5 阶段:21 世纪初至今,机体材料以复合材料为主,还有铝、钛、钢。

从 21 世纪初开始,复合材料逐渐在飞机材料中占据主导地位。如波音 747 中铝合金用量为 81%,钛合金用量为 4%,复合材料用量为 1%;至波音 787 时铝合金用量减少为 20%,钛合金用量增加至 15%,复合材料用量达到 50%。

3.现代航空工程材料

构成现代飞机的工程材料主要有铝合金、钛合金、镁合金、结构钢以及高温合金等金属结构材料,以及各类复合材料。

高比强度、低成本、性能的不断改进和应用技术的相对成熟使铝合金仍是飞机机体结构的主要材料;钛合金的比强度超过钢和铝合金,具有优异的抗腐蚀性能,且更耐高温,成为今后主要发展的航空金属结构材料;先进树脂基复合材料具有比强度高、比刚度高、可设计性强、耐腐蚀,便于复杂结构的大面积整体成型,易于实现结构承载和隐形功能一体化等突出优点,也成为今后大力发展的航空结构材料之一。

0.4　本书材料知识的应用

航空工程材料是一门专业基础课,学习这门课的目的:一是为学习后续专业课打下必要的基础,二是为将来在工作中运用材料的知识分析解决以下问题:

(1)在设计工作中:为所设计的零件选择合适的材料。

(2)在制造过程中:①改善材料的可加工性;②使零件(材料)获得良好的使用性能;③在工艺路线中安排合理的热处理工序。

(3)在使用和维修中:①分析零件(材料)失效的原因;②对失效的零件(材料)进行维修。

0.5　应掌握的主要内容

本书主要介绍航空工程材料及热处理基础知识及应用,通过本课程的学习,应初步具备合理选用材料的能力,具体如下:

(1)掌握金属材料的力学性能、铁碳合金相图等基础知识;

(2)掌握航空常用工程材料的分类、牌号及性能特点;

(3)能够根据零件的工作条件及应用场合选用合适的材料;

(4)能够根据零件的性能要求选择合适的热处理方法;

(5)熟悉树脂基复合材料的成型方法及应用特点。

模块 1 金属材料的力学性能

❖学习目标：
(1)了解金属材料的工艺性能及使用性能；
(2)区分静载荷、冲击载荷及交变载荷；
(3)识别塑性变形及弹性变形、脆性断口及韧性断口。
❖学习重点：
(1)掌握金属材料常见力学性能指标；
(2)掌握静载荷、冲击载荷、交变载荷下的力学性能指标及其符号。

1.1 金属材料的性能及分类

金属材料的性能包括工艺性能和使用性能，如图 1-1 所示。工艺性能是指金属材料在制造加工成为零件过程中，所表现出的对某种加工工艺方法的适应能力，如铸造性、锻造性和切削加工性等。工艺性能体现出零件制造的难易程度。例如，某材料采用铸造的方式可以很容易得到合格的铸件，则该材料具有较好的铸造性。使用性能是金属材料加工成为零件后，零件在使用过程中表现出的特性，如力学性能、物理性能和化学性能等。使用性能是保证零件正常工作所应具备的性能。

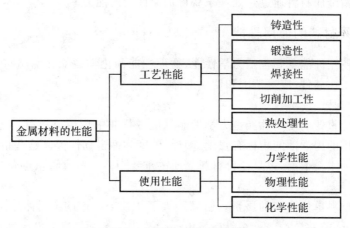

图 1-1 金属材料的性能

1.1.1 金属材料的工艺性能

根据金属材料加工工艺方法的不同，金属材料的工艺性能主要有铸造性、锻压性、切削加工性、焊接性和热处理性等。采用不同的工艺方法制造零件所能获得的加工质量和成本均不相同,某种工艺性能的好坏是决定是否用该方法进行加工的重要因素之一。

1. 铸造性

铸造是将液态金属浇入一定形状及尺寸的铸形型腔中,待其冷却凝固后获得金属毛坯的成型方法。金属在铸造成型过程中能够获得形状准确、内部组织良好铸件的能力称为铸造性能。衡量铸造性能的主要指标为液态金属的流动性和收缩性等。液态金属流动性好则容易充满型腔,外形尺寸较为准确。收缩性是指液态金属在冷却成为铸件的过程中出现体积减小的现象,铸件收缩性大则铸件尺寸变化大,这样铸件内部容易产生变形和开裂等。

2. 锻造性

锻造是借助外力使固态金属产生塑性变形来获得一定形状和尺寸的金属零件或毛坯的加工方法。锻造性能是指金属材料进行变形加工的难易程度。例如,低碳钢具有较好的锻造性,而铸铁的锻造性很差,不能锻造。锻造性能主要取决于金属材料的塑性和强度,强度越低,需要的变形力越小;塑性越高,可以产生较大的变形而不破裂。锻造性能越好,金属材料在进行压力加工时越不容易破裂。

3. 切削加工性

切削加工性能是指金属材料进行切削加工的难易程度。切削加工性能好的材料容易切削,所用的刀具磨损比较小,加工后的零件表面质量高。一般来说,切削加工性与金属材料的硬度和塑性有关,金属材料硬度过高,刀具容易磨损;金属材料塑性高时,容易黏刀,且零件表面质量不好,所以软而脆的材料好切削,具有良好的切削加工性能;硬而韧的材料切削加工性差。

4. 焊接性

焊接性能是指金属材料焊接的难易程度,一般低碳钢具有较好的焊接性,而高碳钢、铸铁的焊接性较差。

5. 热处理性

热处理性是指金属材料通过热处理来获得预期性能的能力。

1.1.2　金属材料的使用性能

金属材料的使用性能主要包括力学性能、物理性能和化学性能。金属材料的使用性能决定了金属材料的工作条件、应用范围和使用寿命。

1. 力学性能

结构材料中最重要的使用性能是力学性能。机械行业中选用材料时,一般以力学性能作为主要依据。常用的力学性能指标有强度、塑性、硬度和冲击韧性等。这些指标是设计零件时选材和校核强度的主要依据,也是评价材料品质的重要指标。本章将重点介绍力学性能。

2. 物理性能

(1)密度:指材料单位体积的质量。密度不大于 $4.5\ g/cm^3$ 的金属称为轻金属。常见的轻金属有铝($2.7\ g/cm^3$)、镁($1.7\ g/cm^3$)、钛($4.5\ g/cm^3$)及其合金,而钢($7.8\ g/cm^3$)、铜($8.9\ g/cm^3$)等属于重金属。

(2)熔点:指材料的熔化温度。金属及其合金都有固定的熔点,一般熔点越高的材料耐高温能力越强。难熔金属 Mo,W,V 可用于制造耐高温零件,在火箭、导弹、飞机上得到广泛应用。熔点低的金属(如锡、铅等)一般用来制造熔丝、防火安全阀等。

（3）热膨胀性：指材料受热时具有体积膨胀的性能。热膨胀性影响焊接性能，当焊接材料不同的两个零件时，如果两者热膨胀系数相差较大，则容易产生焊接变形与破坏。

（4）导热性：金属传导热量的能力称为导热性。

3. 化学性能

（1）耐腐蚀性：材料在常温下与周围介质发生化学反应或电化学反应而遭到破坏的现象称为腐蚀。耐腐蚀性指材料抵抗腐蚀的能力。

（2）抗氧化性：指材料加热时抵抗氧化作用的能力。金属材料在铸造、锻压等热加工过程中，如果氧化比较严重，将造成材料过度损耗，进而形成各种缺陷。

1.2　金属材料力学性能的基本概念

机器中的零件或工具在使用过程中往往受到各种形式外力的作用，例如轴类零件受到弯矩扭力的作用，起重机的钢丝绳受到悬挂重物的拉力作用，手锤敲击物体时受到冲击力作用，等等。这要求金属材料在承受不同外力时具有不同的抵抗能力。材料或零件在外力作用下表现出来的特性就是力学性能。对于航空工程材料来说，力学性能不仅在很大程度上决定其使用性能，而且对工艺性能也有着重要的影响。

1.2.1　静载荷与动载荷

载荷是指材料加工或零件使用过程中所受的外力。根据载荷性质不同，载荷分为静载荷和动载荷两大类。静载荷是大小不变或变化过程缓慢的载荷，如图 1-2(a) 所示。动载荷是大小或方向随时间改变的载荷，包括冲击载荷和交变载荷，如图 1-2(b) 所示。

（1）冲击载荷：指在极短的时间内，发生突变的载荷。例如，用榔头敲击物体，物体所受的载荷就是冲击载荷。

（2）交变载荷：指大小和方向随时间周期性变化的载荷。例如，齿轮转动时作用于每一个齿上的力都是随时间按周期性变化的。

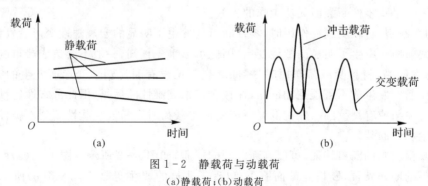

图 1-2　静载荷与动载荷
(a)静载荷；(b)动载荷

❖思考：

1. 一块玻璃板，用两种方式将一个铁块放于其上：①轻轻放下；②由高处自由落下。各有什么结果？

2. 两种放法，玻璃板受到的各是什么载荷？

3. 想一想，你能从这个试验中得出什么结论？

上述试验表明,一种材料在受到不同形式的载荷作用时,所表现出的抵抗破坏的能力是不一样的。

1.2.2 金属零件失效的概念

在一定载荷条件下工作的零件可能出现因某种原因失去预定功能的现象。例如,弹簧因疲劳或受力过大而失去弹性,齿轮因为齿面过度磨损导致不能正确啮合,轴出现弯曲变形不能正常旋转,钢丝绳断裂无法使用,等等。通常将这种零件失去正常工作能力的现象称为失效。

失效按照其严重程度通常有零件被完全破坏(如断裂)、严重损伤和不能完成预期的功能这几种。零件失效往往会带来巨大的损失,甚至更为严重的是,没有明显预兆的断裂失效可能导致重大的安全事故。因此,设计时必须考虑零件在各种载荷条件下的失效现象,分析可能出现的失效原因,以制定预防措施。

零件在使用过程中常见的失效形式主要有过量变形、断裂和表面损伤三种基本类型。

1.过量变形失效

材料在外力作用下会发生几何形状和尺寸的变化,这种现象称为变形。过量变形失效是指零件变形量超过允许范围而造成的失效,主要有过量弹性变形失效和过量塑性变形失效。

(1)过量弹性变形失效:材料在外力作用下产生变形,外力去除后,变形也随之完全消失,材料能恢复原来的形状和尺寸,这种随外力消除而消失的变形称为弹性变形。例如,弹簧受载时发生的变形。一般零件在一定载荷下只允许发生限定的弹性变形,若发生过量的弹性变形,就会妨碍机械设备正常发挥其预定的功能,就会产生失效,出现一系列问题,如摩擦、磨损加剧,噪声增大,承载能力降低等。

(2)过量塑性变形失效:当材料所受的外力超过某一限度值时,撤去外力后,部分变形消失,但仍然保留下了部分变形。这种去除外力后保留下来的不可恢复的变形称为塑性变形,也称永久变形。例如,用低碳钢丝捆扎物品时,钢丝的塑性变形。绝大多数零件在使用过程中不允许产生塑性变形,当塑性变形量超过允许值时,零件就会失去其应有的功能。

2.断裂失效

断裂失效是指零件断裂而无法工作的失效。

(1)韧性断裂:材料受载荷作用时,零件断口处发生了明显的宏观塑性变形后发生的断裂。零件在断裂前由于发生了明显的塑性变形,因此可以事先预知,一般不会造成严重的事故。

(2)脆性断裂:材料受载荷作用时,零件断裂部位没有明显塑性变形而发生的突然断裂。这种断裂在断裂发生前不可预见的征兆,往往会带来灾难性的后果,因此危害性比韧性断裂更大。通常有尖角或有裂纹的零件在低温下或受冲击载荷时容易发生脆性断裂。脆性材料受载时容易发生脆性断裂。

通过观察材料的断口特征,可以判断断裂的性质,如图1-3所示。图1-3(a)所示为典型的塑性材料的断口特征,断口处截面缩小,出现了明显的塑性变形;图1-3(b)所示为典型的脆性材料的断口特征,断口处外形无明显变化。

(3)疲劳断裂:零件受交变载荷时,工作一定时间后,产生裂纹,而后裂纹扩展,直到剩余的截面不能承受载荷作用而发生的突然断裂称为疲劳断裂。通常疲劳断裂前也没有特别明显的塑性变形,并且断裂时的应力往往也没有达到其抗拉强度极限,因此疲劳断裂具有很大的危险性。疲劳断裂在断裂事故中占50%以上,在齿轮、弹簧、轴、模具等零件中常见到这种失效。提高零件表面质量,强化零件表面,可以降低疲劳断裂发生的可能性。

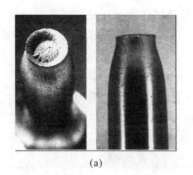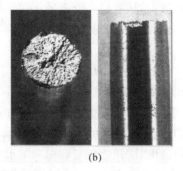

图 1-3 材料断口照片

(a)韧性断裂;(b)脆性断裂

3.表面损伤失效

表面损伤失效是指零件在工作中,因机械和化学作用,其工作表面遭到损伤破坏而造成的失效。

表面损伤失效主要形式有表面磨损、表面腐蚀和表面疲劳失效。磨损是两个相互接触材料的表面由摩擦引起的表面损耗现象,通常会引起材料尺寸、外形、表面状态和性能的改变。过度磨损会破坏零件间的配合表面,导致零、部件丧失其预定功能。磨损失效是机械设备损坏中常见的一种形式。通常可以采用下列措施来减少磨损失效的发生:对材料表面进行强化处理以提高材料的硬度和耐磨性;降低材料表面粗糙度值;减小摩擦因数;改善润滑条件;减少空气中的粉尘颗粒;等等。

1.3 金属材料在静载荷下的力学性能指标

材料的力学性能是材料固有的特性,是零件设计时选材的主要依据之一。金属材料的常规力学性能指标有强度、塑性、硬度和冲击韧性等。其中强度、塑性和硬度是金属材料在静载荷下的常用性能指标,这些性能指标通常可以通过不同的试验来获得。

1.3.1 拉伸试验与拉伸曲线

1.拉伸试验(GB/T 228.1—2010《金属材料 拉伸试验 第 1 部分:室温试验方法》)

通过拉伸试验可以测定材料的强度、刚度和塑性。

试验前需要将材料加工成如图 1-4(a)所示的圆柱形标准试样。试验时将拉伸试样安装到拉伸试验机上(见图 1-5),然后对试样缓慢施加拉伸载荷,使其产生变形,直到试样拉断为止。将拉断后的试样对接起来,试样变长,直径缩小,如图 1-4(b)所示。

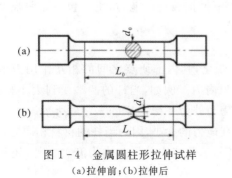

图 1-4 金属圆柱形拉伸试样

(a)拉伸前;(b)拉伸后

图 1-5 拉伸试验机

在拉伸过程中,试验机自动记录下拉伸载荷 F 与试样伸长量 ΔL 的关系曲线,这个曲线称为拉伸曲线(力-伸长曲线)。通过分析拉伸曲线就可以得到材料的强度、塑性和弹性模量等力学性能指标。

2.拉伸曲线(F - ΔL 曲线)

拉伸曲线通常以伸长量 ΔL 为横坐标,以载荷 F 为纵坐标。图1-6所示为低碳钢的拉伸曲线,在低碳钢的拉伸曲线上可以看到试样从拉伸开始到断裂经过了以下四个阶段。

(1) Oe 段称为弹性变形阶段:在该阶段试样伸长量 ΔL 与载荷 F 成正比。若在此阶段卸除载荷则变形消失,试样能恢复到原来的形状和尺寸,表现为弹性变形。

(2) es 段称为屈服阶段:该段锯齿形曲线接近水平,此时力 F 变化很小而变形显著增加,说明材料抵抗变形的能力暂时消失,此现象称为屈服。在屈服阶段卸除载荷,试样不能完全恢复到原来的尺寸,说明材料发生了塑性变形。此阶段的力 F_s 称为屈服拉伸载荷。

(3) sb 段称为强化阶段:载荷超过 F_s 后试样抵抗变形的能力将增加,此现象称为冷变形强化。随着变形的增加,材料塑性变形抗力逐渐增大。此阶段整个试样的变形是均匀的。

(4) bk 段为缩颈与断裂阶段:当载荷达到 F_b 时,试样局部产生较大的塑性变形,在该处截面缩小形成细颈,这种现象称为"颈缩"。此后材料截面逐渐变得更细,使得抵抗能力急剧下降,直到 k 点发生断裂。F_b 是材料断裂前所能承受的最大拉伸载荷,称为极限拉伸载荷。

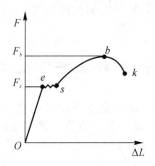

图1-6 低碳钢的力-伸长曲线

1.3.2 强度

强度是指材料抵抗塑性变形和断裂(破坏)的能力。

在不同方式的静载荷作用下,强度有拉伸、压缩、弯曲、剪切和扭转等几种。一般用拉伸强度作为判别金属材料强度高低的依据。

拉伸强度是指金属材料在拉伸载荷作用下抵抗破坏的能力,主要包括屈服强度和抗拉强度两个指标。强度的大小通常用应力来表示。

1.应力与应变

零件受外力作用时,形状和尺寸将发生变化,其内部质点之间的相互作用力也将随之改变,将材料内部产生的与外力相抗衡的力称为内力。例如,当杆的两端受到大小相同、方向相反的拉伸载荷时,其杆上任一横截面上的内力与外力平衡,如图1-7(a)所示。

显然,内力大小并不能直接代表材料承载能力的大小,因为当杆的材料相同时,杆越细,其承载能力越小;杆越粗,其承载能力越强。杆的承载能力除了与内力有关之外,还和杆承载面积有关,于是就引入了应力的概念。

(1)应力 σ:将材料单位横截面积上所受的内力称为应力,如图 1-7(b)所示。拉伸应力用符号 σ 表示,单位为 MPa,1 MPa = 1 N/mm²,则应力可用下式来计算:

$$\sigma = \frac{F}{S_0} \text{(MPa)}$$

式中:F ——拉伸载荷(单位:N);

　　S_0 ——试样原始横截面积(单位:mm²)。

杆越细,则杆所受的应力就越大。如果杆受载后其应力值超过材料本身能承受的应力值,材料就可能产生变形,最终遭到破坏。

(2)应变 ε:由图 1-7(c)可见,在轴向拉伸载荷下,杆发生了变形,而后变得又细又长。单位尺寸的变形量称为应变。纵向线应变用 ε 表示,则可用下式计算出 ε:

$$\varepsilon = \frac{\Delta L}{L_0}$$

式中:ΔL ——纵向伸长量(单位:mm);

　　L_0 ——原始长度(单位:mm)。

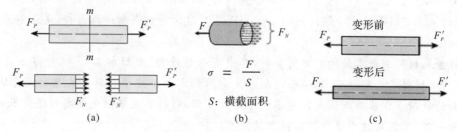

图 1-7　杆的应力与应变

(a)内力大小与外力平衡;(b)应力 σ;(c)杆受力后的变形

(3)应力-应变曲线:将拉伸曲线 $F-\Delta L$ 中的载荷除以试样的原截面积($\sigma = F/A_0$)和伸长量除以试样原始标距($\varepsilon = \Delta L/L_0$),则图 1-6 所示的 $F-\Delta L$ 曲线转换为应力-应变曲线($\sigma-\varepsilon$ 曲线),如图 1-8 所示。

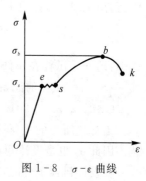

图 1-8　$\sigma-\varepsilon$ 曲线

2.屈服强度 σ_s

屈服强度是指材料在受静载荷作用时,抵抗塑性变形的能力。在拉伸曲线上等于拉伸试样在出现屈服现象时的应力,用符号 σ_s 表示,可由下式计算:

$$\sigma_s = \frac{F_s}{S_0} \text{(MPa)}$$

式中:F_s ——试样产生屈服时的拉力(单位:N);

　　S_0 ——试样的原始横截面积(单位:mm²),圆形试样截面面积 $S_0 = \pi d^2/4$,d 为试样直径。

GB/T 228.1—2010 中规定,屈服强度分上屈服强度 R_{eH} 和下屈服强度 R_{eL}。一般情况下,屈服强度指的是下屈服强度 R_{eL}。

不同材料具有不同的应力-应变曲线,但并非所有材料都能明显地看出屈服阶段。对于屈服阶段不明显的拉伸曲线,无法测出其 σ_s,因此工程上规定产生 0.2%塑性应变时对应的应力作为材料的条件屈服强度,用符号 $\sigma_{0.2}$ 表示。

σ_s 和 $\sigma_{0.2}$ 是工程技术上重要的力学性能指标,是大多数零件选材和设计的依据。它们表示的是材料抵抗微量塑性变形的能力,如果材料受载时的工作应力 $\sigma_{工作}$ 达到其屈服强度 σ_s,材料就会发生塑性变形。当零件发生塑性变形时,将导致机器不能正常工作,甚至产生更严重的后果。因此,零件在工作时一般不允许发生塑性变形。

在设计零件选材时,为了防止零件在工作中发生塑性变形而失效,所选用材料的屈服强度必须大于零件工作载荷下的应力值,即 $\sigma_{s材料} > \sigma_{零件工作}$。

一种材料在受到不同形式的载荷作用时,所表现出的抵抗破坏的能力是不一样的。

在加工过程中,被加工板料和模具材料具有不同的性能要求。对于板料来说,需要使板料发生均匀的塑性变形,其所受载荷应当满足 $\sigma_{工作} > \sigma_{s板料}$。 而对于模具来说,在其工作时不允许发生塑性变形,其所受载荷应当满足 $\sigma_{模具工作} < \sigma_{s模具材料}$。

❖思考:

1. 从防止零件发生塑性变形的角度考虑,用来制造零件的材料的屈服强度是高一些好还是低一些好?

2. 要制造一根受拉力的圆杆,已知圆杆直径为 20 mm,拉力为 93 kN。现有两种钢,其中 Q235 钢的 σ_s 为 235 MPa;45 钢的 σ_s 为 355 MPa。用这两种钢来制造此圆杆,是否都能保证不发生塑性变形?

3. 将金属材料制成零件的方法有多种,其中有一种称为"变形加工"。这种方法是对材料施加载荷,使材料发生塑性变形,从而得到一定形状的零件。要使材料发生塑性变形,模具对材料施加的载荷至少应当有多大? 为了便于冲压变形,材料的屈服强度是高好还是低好?

4. 想一想,你能从这个试验得出什么结论?

3. 抗拉强度 σ_b

抗拉强度指材料在静载荷下抵抗断裂的能力,是材料在被拉断之前所能承受的最大拉伸应力,用 σ_b 表示,如图 1-8 所示。抗拉强度 σ_b 亦称为抗拉强度极限,可由下式计算:

$$\sigma_b = \frac{F_b}{S_0}(MPa)$$

式中:F_b——试样在拉伸试验中所能承受的最大拉力(单位:N);

$\quad S_0$——试样的原始横截面积(单位:mm^2)。

GB/T 228.1—2010 新标准中抗拉强度用符号 R_m 表示。

当材料所受的载荷达到其抗拉强度时,材料就会出现局部集中的塑性变形,而后发生断裂。因此 σ_b 也是设计和选材的重要参数之一。

在设计机器零件时,为了保证零件在工作时不发生断裂,所选材料的抗拉强度应当大于零件工作时的应力($\sigma_{工作} < \sigma_{b材料}$)。

在对材料进行变形加工的时候,为使材料产生均匀的塑性变形,所施加的载荷应当满足工作应力高于材料的屈服强度 σ_s;同时,为了防止材料破裂,又必须低于强度极限,也就是工作应力应该控制在屈服强度与抗拉强度之间($\sigma_{s材料} < \sigma_{工作} < \sigma_{b材料}$)。

❖思考:

在对材料进行变形加工的时候,所施加的载荷应控制在什么范围?

通常,将屈服强度与抗拉强度的比值(σ_s/σ_b)称为屈强比。屈强比越小,零件工作时的可靠性越高,因为零件即使发生塑性变形而失效也不会立即断裂。屈强比太小,材料强度的有效利用率就会降低。

1.3.3　弹性模量与刚度

1. 弹性模量

应力-应变曲线上的弹性阶段应力与应变成正比,其比值称为材料的弹性模量,用符号 E 表示。

在拉伸曲线上,弹性模量就是 Oe 段的斜率(见图 1-6)。

表 1-1 列出了几种常见金属室温时的弹性模量数值。金属材料的弹性模量都是常数,取决于材料的本性,热处理、机械加工、合金化等处理方法对它的影响很小。但温度升高时,E 值将降低。

表 1-1　常用材料的弹性模量 E　　　　　　　　　　　　单位:10^3 MPa

材料	铸铁	不锈钢	钛	铝	铜	镁
E	170~190	190~200	118	72	132	45

2. 弹性模量与刚度

刚度指零件受静载荷作用时,抵抗弹性变形的能力。衡量刚度大小的指标是弹性模量 E。材料的弹性模量越大,刚度越大,抵抗弹性变形的能力越强。同一载荷下,E 值大的材料变形小,如图 1-9(a)所示,$F_1 = F_2$,$E_1 > E_2$,$\Delta L_1 < \Delta L_2$。要使两种不同 E 值的材料发生等量的弹性变形,则对弹性模量大的材料需要施加更大的载荷,如图 1-9(b)所示,$E_1 > E_2$,$\Delta L_1 = \Delta L_2$,$F_1 > F_2$。

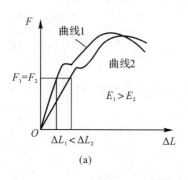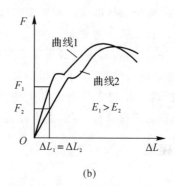

图 1-9　弹性模量与弹性变形的关系

(a) 载荷相等,E 值大则变形小;(b)变形量相同,E 值大则需施加更大载荷

❖思考:

是否只要强度高、弹性模量大的材料就可用来制造飞机上的零件?

比模量是指材料的弹性模量与密度的比值,比强度是指材料的抗拉强度与其密度的比值。

优质的结构材料应当具有较大的比强度和比模量,才能在满足强度要求的同时减小零件截面尺寸或减轻其自身质量又能承受较大的载荷。

1.3.4　塑性

塑性指材料在受力破坏前具有最大塑性变形的能力。材料断裂前的塑性变形越大,说明其塑性越好。衡量材料塑性好坏的指标为延伸率和断面收缩率。

1. 延伸率 δ（新标准用符号 A 表示）

断后伸长率是试样被拉断后，试样标距伸长量与原始标距的百分比，用符号 δ 表示为

$$\delta = \frac{L_1 - L_0}{L_0} \times 100\%$$

式中：L_0——试样的原始标距长（单位：mm）；

L_1——试样拉断后的标距长（单位：mm）（见图 1-3）。

由于不同长度试样所测得的延伸率不同，比较时应该用统一的标尺来测试。采用 $L = 10d_0$ 的长试样进行拉伸试验时所得的延伸率用 δ_{10} 表示；采用 $L = 5d_0$ 的短试样进行的拉伸试验所得延伸率用 δ_5 表示。

2. 断面收缩率 ψ（新标准用符号 Z 表示）

断面收缩率是试样被拉断后，缩颈处的横截面积缩减量 $(S_0 - S_1)$ 与原始横截面积 S_0 之百分比：

$$\psi = \frac{S_0 - S_1}{S_0} \times 100\%$$

式中：S_0——试样的原始横截面积（单位：mm^2）；

S_1——试样缩颈拉断处的横截面积（单位：mm^2）。

材料的 δ，ψ 值越大，表明其塑性越好。通常把塑性好（$\delta > 5\%$）的材料称为塑性材料或韧性材料，如低碳钢、铜等；把塑性差（$\delta < 5\%$）的材料称为脆性材料，如铸铁、陶瓷等。低碳钢是典型的塑性材料，铸铁是典型的脆性材料，这两种材料的拉伸断口照片如图 1-3 所示，从图 1-3 中可以看出两个断口部位的材料变形程度明显不同。

3. 塑性在工程上的实用意义

（1）塑性好的材料容易进行锻压等变形加工。例如，低碳钢具有较好的塑性，因此可以冲压和锻造；而铸铁的塑性很差，不能锻造加工。

（2）塑性材料在断裂之前会先发生塑性变形，不会突然断裂，所以应用时安全性比较好。而脆性材料断裂前没有这种先兆，安全性就差一些。

1.3.5 硬度

硬度指材料抵抗局部塑性变形、划痕和压痕的能力。硬度是用来衡量材料软硬程度的性能指标，它代表材料抵抗硬物压入其表面的能力，也在一定程度上反映出材料的综合力学性能。一般来说材料的硬度大则耐磨性好，强度也高。

硬度试验比较简单，可直接在零件表面进行测量，不用额外制作标准试样，因此工程应用比较广泛。

硬度的测试方法有压入法、划痕法和回弹法等，其中压入法应用最为普遍，根据载荷、压头和测试原理的不同，将金属材料的硬度分为布氏硬度、洛氏硬度和维氏硬度三种。

1. 布氏硬度（HBW）

GB/T 231.1—2018《金属材料 布氏硬度试验 第1部分：试验方法》规定了布氏硬度试验方法。布氏硬度计及其试验原理如图 1-10 所示，用规定载荷 F 将直径为 D 的硬质合金球形压头压入试样表面，保持规定时间后卸除载荷，在试样表面形成直径为 d 的压痕坑。以压痕

表面积的平均压力表示布氏硬度。压头直径、试验载荷和保持时间根据被测金属种类和厚度按要求选择。

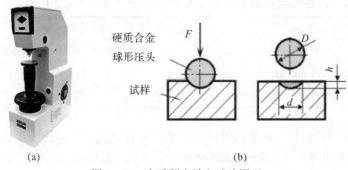

图 1-10 布氏硬度计和试验原理

(a)布氏硬度计;(b)布氏硬度试验原理

实际测试时,布氏硬度并不需要计算,只需要用专用的放大镜测量出压痕直径 d,再根据已知的 D 和 F,通过查"压痕直径与布氏硬度对照表",即可得到被测材料的布氏硬度值。

显然压痕直径越小,布氏硬度值越大,材料越硬。布氏硬度测试硬度有效值小于 650HBW。

工程中一般只标硬度数值和符号 HBW,例如,280HBW 表示布氏硬度值为 280。其他试验条件依次标注,压头直径/试验力/试验力保持时间。例如,200HBW 10/1 000/30,表示用直径为 10 mm 的硬质合金压头在 1 000 kgf(1 kgf≈9.807 N)试验力作用下,保持 30 s 测得的布氏硬度值为 200。保持时间为 10~15 s 时可以不标。

布氏硬度的测试过程烦琐;压痕较大,能在较大范围表示平均硬度,数据稳定准确、重复性较好;但压力较大、压痕大,一般不适合测试小零件和薄壁零件;主要用于测试厚度较大的原材料、毛坯、半成品和性能不均匀的材料,如铸铁、非铁金属、退火钢和正火钢。

2.洛氏硬度(HR)

洛氏硬度计及其试验原理如图 1-11 所示,用规定载荷将压头压入被测材料表面,保持规定时间,卸载后以压痕深度来表示材料的硬度。实际测试时,洛氏硬度计的指示表盘上可以直接读取出硬度值。

压痕越浅,硬度值越大,表明被测材料的硬度越高。

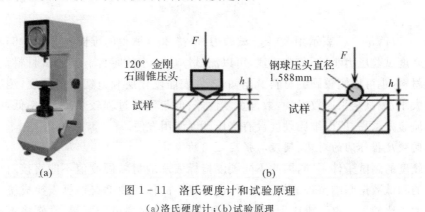

图 1-11 洛氏硬度计和试验原理

(a)洛氏硬度计;(b)试验原理

洛氏硬度采用的压头和试验压力不同,常有 HRA,HRB 和 HRC 三种标尺。其试验条件和应用范围见表 1-2。

表 1-2 常用洛氏硬度标尺的试验条件和应用范围(GB/T230.1—2018)

硬 度 符 号	压头类型	总试验压力/N	数值有效范围	应 用 举 例
HRA	120°金刚石圆锥	588.4	20～95HRA	硬质合金、淬火工具钢
HRB	直径为 1.588 mm 的淬火钢球	980.7	10～100HRB	低碳钢、铝合金
HRC	120°金刚石圆锥	1471	20～70HRC	调质钢、铸铁

工程中常用 HRC 标尺。例如,50HRC 表示用 C 标尺测定的洛氏硬度值为 50。

需要注意的是,用不同标尺测试的材料硬度值不能直接比较,例如,不能直接认为 60HRB 的硬度高于 40HRC。

洛氏硬度试验操作简便,效率高;是生产中应用最广的硬度试验方法;压痕小,对零件损伤小,可测软材,也可测高硬度薄层的材料,适应的材料种类较多,可用于成品、半成品的硬度测试;但压痕小,测试准确性和数据重复性稍差;测试不同类型的材料需要更换不同的标尺。

3. 维氏硬度(HV)

GB/T 4340.1—2009《金属材料 维氏硬度试验 第 1 部分:试验方法》规定了维氏硬度试验原理和方法。维氏硬度与布氏硬度测试原理基本相同,但维氏硬度所用的压头与布氏硬度不同,采用的是顶角为 136°的金刚石正四棱锥压头,如图 1-12 所示。试验时,将压头在规定试验力作用下压入试样表面,保持规定时间,卸除载荷,试样表面出现四棱锥形的凹痕,以单位压痕表面压力作为硬度值。实际测试时只需用仪器测出压痕对角线长度 d 后,查表即可得到维氏硬度值。维氏硬度测量范围为 5～1 000HV。

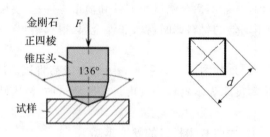

图 1-12 维氏硬度试验

例如,640HV30/20,表示用 30 kgf 试验力,保持 20 s 测得的维氏硬度值为 640。

维氏硬度试验压力小,压痕小而浅,可以测试厚度很小的零件。其测试材料范围广,可以测极软的材料,也可以测较硬的材料。比如,零件表面硬化层和电镀层的硬度;测试数据可以直接比较大小;测试结果比较准确,数据重复性好;但是测试过程较烦琐,效率低,而且被测试样的表面质量要求高,所以维氏硬度没有洛氏硬度使用方便。

4. 不同硬度指标间的对比、硬度与强度之间的换算

各种硬度的测试条件不同,因此不同硬度指标表示的材料硬度值不能直接对比。但是人们将大量的测试数据归纳整理成换算表后,通过将不同标尺硬度查换算表换成统一标尺后就可以进行大小比较了。由于维氏硬度从很软到很硬的材料都可以测量,常常将不同标尺的硬

度换算成维氏硬度来比较。

大部分金属材料的硬度与强度之间存在一定的比例关系,根据硬度来估计强度,给设计和生产工作带来了便利。由于强度试验是破坏性的,成品零件一般不可以做强度试验。而硬度试验只是在测试对象的表面留下很小的压痕,一般情况下,非重要表面上的这种损伤是可以忽略不计的。

《黑色金属材料 硬度值换算表》见附录,适用于钢的硬度及强度换算。

5. 硬度试验的应用

在实际生产中,硬度试验是最为常用的一种力学性能试验方法。硬度试验的主要用途如下:

(1)很多金属材料的耐磨性与硬度有密切关系。对于有耐磨性要求的零件,硬度是衡量其质量好坏的主要指标之一。例如,用钢制造的切削刀具、滚动轴承等,都要求其硬度达到60HRC 以上。

(2)很多金属材料的硬度与强度有一定正比关系,常通过测试零件的硬度来换算出强度,从而避免做破坏性的强度试验,这样既简便,成本又低。

1.4 金属材料在冲击载荷下的力学性能指标

有的零件在加工或者使用过程中要承受冲击载荷,如冲压模具、榔头、錾子和飞机起落架等。前面介绍的几种力学性能指标都是在静载荷条件下测试的,而冲击载荷比静载荷的破坏性要大很多,因此在冲击载荷下工作的零件除要求具备足够强度、塑性和硬度外,还需要冲击韧性这一性能指标。

1.4.1 夏比摆锤冲击试样与冲击试验

冲击韧性是金属材料在冲击载荷作用下抵抗破坏的能力,简称"韧性"。它是材料的强度和塑性的综合反映。

测定材料冲击韧性的常用方法是一次摆锤冲击试验(夏比摆锤冲击试验)。

先将被测试材料加工成 GB/T 229—2007《金属材料 夏比摆锤冲击试验方法》规定的带有缺口的标准冲击试样。矩形试样中间开有一个深度为 2 mm 的槽,这样可以在缺口处形成应力集中,以保证试样受冲击后在缺口处断裂。根据缺口形状不同有 V 形和 U 形两种试样,U 形试样尺寸如图 1-13(a)所示。注意,缺口越尖,材料应力集中越明显,表现出越大的脆性,因此采用不同形状的缺口试样得出的冲击韧性值不能互相比较。

图 1-13(b)为夏比摆锤冲击试验示意图。试验时,将试样安放在摆锤式冲击试验机的支座上,缺口背对冲击方向,将质量为 m 的摆锤置于规定高度 H_0,然后让摆锤自由落下冲击试样,摆锤将试样冲断后,由于惯性作用将摆动至 H_1 的高度。由此摆锤冲断试样所消耗的能量为 $A_k = mH_0 - mH_1$,A_k 称为冲击吸收功,其值可以在试验机上的表盘直接读出。摆锤回摆的高度越低,A_k 数值越大,表示材料断裂前吸收的能量越大,材料冲击韧性越好。

冲击韧性好的材料,在受冲击载荷作用时,断裂前会吸收比较大的能量,发生塑性变形,因此不会产生突然的脆性断裂,使用时的安全性比较好。

一般把 A_k 值低的材料称为脆性材料,A_k 值高的材料称为韧性材料。脆性材料断裂前没有明显的宏观塑性变形,断口比较平整,韧性材料断口的塑性变形比较明显。

GB/T 229—2007 中规定金属材料的韧性用冲击试样吸收的能量指标 K 来衡量。KV_2 表示 V 形缺口试样用刀刃半径为 2 mm 的摆锤测定的吸收能量。KU_8 表示 U 形缺口试样用刀刃半径为 8 mm 的摆锤测定的吸收能量。

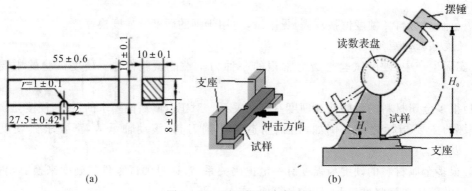

图 1-13 夏比摆锤冲击试验

(a)标准 U 形缺口冲击试样;(b)冲击试验示意图

1.4.2 冲击韧性的意义

冲击韧性受很多因素的影响。材料内部组织缺陷对冲击韧性影响很大,例如材料中杂质含量过多,或者存在裂纹、气孔等缺陷都会使冲击韧性下降,因此测试冲击韧性可以反映材料的内在质量。

冲击韧性还与测试温度有关,有的材料在室温时不显示出脆性,但当温度低于 20℃时可能显示出较大的脆性。试验时,冲击韧性一般随着温度降低而下降。当温度降低到某一范围时,材料的冲击韧性急剧下降,材料由韧性断裂变为脆性断裂,这种现象称为冷脆现象,该温度范围称为韧脆转变温度,如图 1-14 所示。韧脆转变温度越高,则材料在低温下抵抗冲击的能力越差。非合金钢的韧脆转变温度一般为 -20℃。因此,在寒冷冬天使用的非合金构件(如车辆、桥梁、运输管道等)容易发生脆断现象。对于在低温下工作的材料,工作温度必须高于其韧脆转变温度。

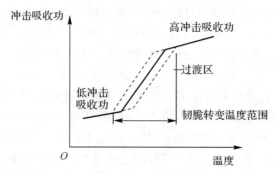

图 1-14 冲击吸收能量-温度曲线

1.5　金属材料在交变载荷下的力学性能指标

1.5.1　材料的疲劳现象

有许多零件在工作中承受交变载荷作用,如发动机的轴、齿轮、弹簧等。交变载荷是大小和方向随时间周期性变化的应力,如图 1-2 所示。零件在交变载荷作用下,经过一定的工作时间后会产生裂纹,最终导致零件突然断裂的现象称为疲劳现象。

研究发现,与静载荷下的断裂不同,在交变载荷下,材料的疲劳断裂部位没有产生明显的塑性变形。首先,其疲劳断裂首先在零件的应力集中区或缺陷位置产生微小裂纹,在交变载荷作用下随着循环次数增加,裂纹逐渐扩展,使其有效承载面积逐渐减小,当裂纹扩展到一定程度时,发生瞬时断裂。其次,在疲劳裂纹萌生和扩展的较长一段时间中,疲劳裂纹不易被发现,而最终的断裂却往往是在机器运转时突然发生的。因此,对于运行中的机器,材料的疲劳现象具有较大的危害性。据统计,在正常工作条件下,80%的零件发生断裂是由疲劳引起的。

❖思考:

1.一根细铁丝如果用反复弯折的方法将其弄断,铁丝受到的是什么载荷?

2.如果事先在细铁丝弯曲部位划上一个小口子,再反复弯折,细铁丝便很容易断裂,这是什么原因?

1.5.2　疲劳强度

在承受交变载荷的机器中,为了防止疲劳断裂,在零件设计时就不能以抗拉强度或屈服强度作为依据,而是必须制定疲劳强度指标。

疲劳强度是指材料受交变载荷作用时,抵抗疲劳破坏的能力。疲劳断裂是材料在交变应力作用下,经过一定循环次数后发生的断裂,交变应力如图 1-15 所示。对于对称循环交变应力,疲劳强度用 σ_{-1} 表示。

在不同交变载荷下,材料承受的交变应力 σ 与材料断裂时对应的循环次数 N 之间的关系可用疲劳曲线来表示,如图 1-16 所示。由图 1-16 可见,试验时的交变应力越大,则断裂时的循环次数 N 越少,$\sigma_1 > \sigma_2 > \sigma_3$,$N_1 < N_2 < N_3$。应力降低,则循环次数增加,当应力降低到某一数值时(如 σ_4),疲劳曲线接近于水平,这表明,试样在低于 σ_4 的应力作用下可以经受无限周期循环而不被破坏,此应力值称为材料的疲劳极限。

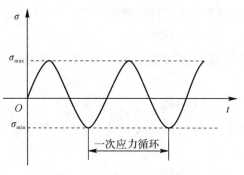

图 1-15　交变应力示意图

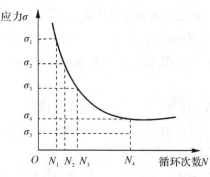

图 1-16　$\sigma - N$ 曲线

实际上,有的材料,如航空领域常用的硬铝等有色金属,即使应力循环的最大应力值很低,材料经过一定应力循环次数后也会断裂,并且材料也不可能做无限次循环的疲劳试验。因此,在工程实践中通常用规定的应力循环次数下,材料不断裂的最大应力来表示疲劳极限。对于黑色金属,一般规定应力循环次数 $N=10^7$ 周次,有色金属取 $N=10^8$ 周次。

金属材料的疲劳强度与抗拉强度之间有一定的正比关系,例如对于普通结构钢,疲劳强度约为抗拉强度的 1/2,因此提高抗拉强度可增大疲劳强度。

1.5.3 提高零件抗疲劳性能的措施

零件的抗疲劳性能除了与其材料有关以外,还与零件表面加工质量有密切关系。因为疲劳裂纹通常是在零件的表面上萌生的,所以采取下列措施能提高零件的抗疲劳性:

(1)在设计零件时,应尽量避免因形状和尺寸突变引起的应力集中。例如,避免有尖锐的棱角和缺口,在形状和尺寸变化之处设计为圆弧过渡。

(2)提高零件表面的加工质量,降低表面粗糙度。

(3)采用表面热处理、喷丸等方法对零件表面进行强化。

(4)防止零件表面被划伤、腐蚀。

(5)采用无损检测技术定期对重要零件进行检测,争取在早期发现零件上的疲劳裂纹,这也是预防疲劳断裂恶性事故的有效手段之一。

习　题

一、单项选择题

1.材料在受静载荷作用时,抵抗塑性变形的能力称为(　　),抵抗断裂的能力称为(　　)。

A.抗拉强度 σ_b 　　B.屈服强度 σ_s 　　C.塑性 δ 　　D.冲击韧性 A_k

2.为了避免零件在静载荷作用下发生塑性变形,所选材料的(　　)值应大于零件的工作应力。为了避免断裂,则(　　)$>\sigma_{工作}$。

A. σ_b 　　B. σ_s 　　C. δ 　　D. A_k

3.测试淬火钢件的硬度常用(　　)标尺。

A. HRA 　　B. HRB 　　C. HRC 　　D. HBW

4.测试退火钢件的硬度可用(　　)标尺,测试铝合金零件的硬度可用(　　)标尺。

A. HRA 　　B. HRB 　　C. HRC

5.当采用 120°圆锥金刚石压头,150 kgf 总载荷进行硬度试验时,则所测硬度的标尺是(　　)。

A. HRA 　　B. HRB 　　C. HRC

6.当采用 1.588 mm 钢球压头,100 kgf 总载荷进行硬度试验时,则所测硬度的标尺是(　　)。

A. HRA 　　B. HRB 　　C. HRC

7.某零件在静载荷作用下发生塑性变形,可能是材料的(　　)偏低所致;若发生断裂,可能是材料的(　　)偏低所致。

　　A. σ_b　　　　　　　B. σ_s　　　　　　　C. δ　　　　　　　D. A_k

　　8.某零件在冲击载荷作用下发生断裂,可能是材料的(　　)偏低所致。

　　A.抗拉强度 σ_b　　　B.屈服强度 σ_s　　　C.塑性 δ　　　　D.冲击韧性 A_k

　　9.在用冷变形的方法将金属材料加工成零件的过程中,当变形量尚未达到规定值时就发生断裂,可能是材料的(　　)偏低所致。

　　A.抗拉强度　　　　　B.屈服强度　　　　　C.塑性　　　　　　D.冲击韧性

　　10.在将金属薄板冲压成型(如汽车外壳冲压)时,为了保证冲压过程能够顺利进行,薄板应具有较高的(　　)。

　　A.抗拉强度 σ_b　　　B.屈服强度 σ_s　　　C.塑性 δ　　　　D.冲击韧性 A_k

　　11.(　　)载荷会引起金属疲劳。

　　A.静　　　　　　　　B.冲击　　　　　　　C.交变　　　　　　D.动

　　12.要保证机器上的零件在受静载荷作用时不发生塑性变形和断裂,则制造零件的材料应当具有足够的(　　)。

　　A.塑性　　　　　　　B.韧性　　　　　　　C.硬度　　　　　　D.强度

　　13.制造刀具、冷冲压模、量具,所用材料应当具有较高的(　　)。

　　A.塑性　　　　　　　B.韧性　　　　　　　C.硬度　　　　　　D.强度

二、判断题

　　1.表面光洁的零件的抗疲劳性优于表面粗糙的零件。

　　2.材料的塑性、韧性越差,材料的脆性就越大。

　　3.在零件技术图样上,常常只标注硬度值,这表示对其他力学性能不作要求。

　　4.屈服极限是表征材料抵抗断裂能力的力学性能指标。

　　5.材料的刚度可用其弹性模量值来反映,可通过热处理改变组织的方法来提高材料的刚度。

　　6.所有的金属材料均有明显的屈服现象。

　　7.强度是材料抵抗塑性变形和断裂的能力,塑性是材料在外力作用下产生永久变形而不被破坏的能力。

　　8.脆性材料没有屈服现象。

　　9.用不同标尺表示的硬度值,可以直接相互比较。

　　10.材料的 A_k 值越大,表明其脆性越大,韧性越差。

三、简答、计算题

　　1.金属材料的硬度与抗拉强度之间存在什么关系? 有何实用意义?

　　2.材料的力学性能指标有很多,但在零件图上为何只标注硬度值要求?

　　3.用洛氏硬度 HRC 标尺测得某钢件的硬度为 15HRC,这个硬度值说明了什么? 遇到这种情况应当怎样处理?

4.下列情况应采用什么方法测定硬度？写出硬度值符号。

(1)退火的钢　　(2)淬火钢　　(3)铝合金、铜合金　　(4)硬质合金

(5)耐磨工件的硬化层　　(6)铝合金铸件　　(7)机床床身铸件

5.测得三种黑色金属材料的硬度,其中材料甲为140HBS,材料乙为95HRB,材料丙为42HRC,试比较三者的硬度高低。

6.用钢制造某零件,要求经过热处理后抗拉强度 σ_b=964 MPa,但因为零件制成以后不便做强度试验,只能测试硬度来换算强度,所以在图纸上的技术要求中只标注硬度值。请查资料标注硬度值。

7.一根受拉伸载荷的圆杆,直径为 20 mm,其材料的屈服强度 σ_s=300 MPa,抗拉强度 σ_b=550 MPa。为了避免此圆杆发生塑性变形,其承受的拉力不得超过多少？为了避免断裂呢？

8.某厂购进一批 40 钢,其力学性能标准是: σ_s≥340 MPa,σ_b≥540 MPa,δ≥19%,ψ≥45%。验收时,将 40 钢制成 d_0=10 mm,L_0=50 mm 的试样做拉伸试验,测得 F_s=28 260 N,F_b=45 530 N,L_1=60.5 mm,d_1=7.3 mm。试判断这批钢材是否合格。

9.判断图 1-17 中两种材料的弹性模量及强度大小。

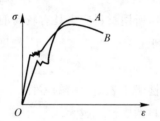

图 1-17　两种材料的 σ-ε 关系图

模块 2 金属学基础知识

❖学习目标：

(1)了解金属学相关基础知识；

(2)了解多晶体概念以及晶界对金属性能的影响。

❖学习重点：

(1)掌握三种常见金属晶体结构的类型；

(2)掌握晶体缺陷对金属性能的影响；

(3)掌握晶粒大小对性能的影响、细化晶粒的方法和细晶强化；

(4)掌握冷热加工、再结晶退火、去应力退火和加工硬化概念。

不同的金属材料具有不同的力学性能，例如，钢比铝硬。即使是同一种金属材料，当其经过不同的热处理，性能也有所不同，例如，45 钢经过淬火后硬度有所增加。上述现象都与金属的内部组织结构有密切关系，即材料的化学成分及热处理决定其性能。

2.1 金属的晶体结构

2.1.1 晶体结构的基本概念

1.晶体

物质都是由原子组成的。固态物质可分为晶体和非晶体两大类。晶体是指内部原子按周期性规则排列的物质，而非晶体内部的原子无规则地堆积在一起。自然界中，除了塑料、沥青、松香和玻璃等属于非晶体外，大部分固态物质都是晶体，如固态金属、合金与石墨等。

2.晶格

晶体中原子的分布和排列方式称为晶体结构。若将原子看成一个刚性小球（简称"刚球"），则晶体就是由这些小球按一定几何规律堆积而成的物体，图 2-1(a)为刚球模型表示的晶体结构。

晶体结构直接影响晶体的性能，为了便于分析晶体中原子的排列规律，通常将原子按各位置的原子中心抽象成一个点，然后用直线将这些点连接起来，就形成一个三维空间格子，称为晶格，如图 2-1(b)所示。

3.晶胞

晶体中原子的排列具有周期性，因此只要在晶格中取出一个基本的几何单元进行分析，就能表达原子排列的规律。这种能代表晶体中原子排列规律的基本单元称为晶胞，图 2-1(c)就是从图 2－1(b)晶格中取出的一个晶胞。可以看出，晶格就是由许多晶胞在三维空间重复堆砌构成的。

晶胞的几何形状和大小可以用晶胞的棱边长度 a,b,c 和棱边夹角 α,β,γ 来表示。晶胞很小，通常其棱边长度仅有几个埃(以 $\overset{\circ}{A}$ 作为单位，$1\overset{\circ}{A}=10^{-10}$ m)。

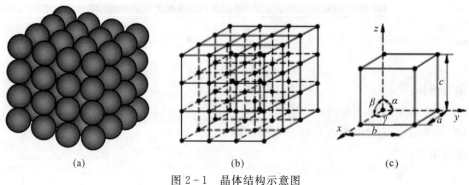

图 2－1　晶体结构示意图
(a)刚球模型的晶体结构；(b)晶格；(c)晶胞

4.晶面与晶向

晶格中不同位向或不同平面上，原子排列的规律不同。晶面是指由晶体中两个以上原子中心组成的平面，它代表晶体中某个方位的原子面，如立方晶格中的(111)晶面。

晶向是由晶体中两个以上原子之间连线所指的方向，它代表晶体中某个方向的原子排列，如立方晶格中的[111]晶向。

图 2－2 所示为立方晶格中的不同晶面和晶向。

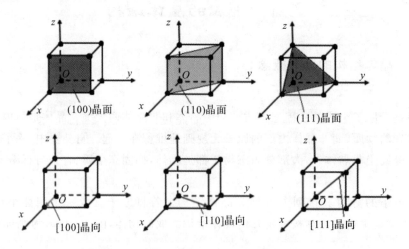

图 2－2　立方晶格中不同的晶面和晶向

2.1.2　金属中常见的三种晶格类型

金属的晶格类型很多，但 90% 以上金属都属于以下三种晶格类型。

1.体心立方晶格

体心立方晶格的晶胞属于简单立方体，$a＝b＝c,\alpha＝\beta＝\gamma＝90°$。 其原子排列情况如图

2-3 所示,晶胞的 8 个顶角各有 1 个原子,中心有 1 个原子,在立方体对角线的晶向上原子紧密接触。

　　属于体心立方晶格的金属有铬、钼、钨和 α-铁等。通常具有体心立方晶格的金属强度和硬度高、塑性和韧性低。

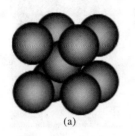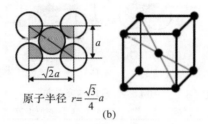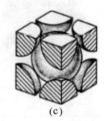

图 2-3　体心立方晶格
(a)晶体结构;(b) 晶胞;(c)晶胞原子数

2. 面心立方晶格

　　面心立方晶格的晶胞形状与体心立方晶格相同,但原子排列规律不同,如图 2-4 所示,原子位于立方体的 8 个顶角和晶胞的 6 面中心。在晶胞面对角线上,原子紧密接触。

　　属于面心立方晶格的金属有铝、铜、镍和 γ-铁等。通常具有面心立方晶格的金属塑性较好。

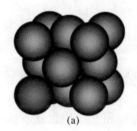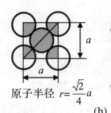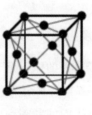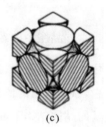

图 2-4　面心立方晶格
(a)晶体结构;(b)晶胞;(c)晶胞原子数

3. 密排六方晶格

　　密排六方晶格的晶胞是一个正六棱柱,上下底面为正六边形,晶胞大小用六边形边长 a 和柱体高度 c 表示,当 $c/a=1.633$ 时,原子排列最紧密。其原子排列规律如图 2-5 所示。晶胞的 12 个角及上下底面中心各有 1 个原子,另外,在晶胞中间还有 3 个原子。该晶胞中上下底面和对角线方向上的原子紧密接触。

　　具有密排六方晶格的金属有锌、镁和铍等,通常它们的力学性能不突出,塑性较差。

4. 晶胞中的原子数及晶体的致密度(选讲)

　　(1)晶胞中的原子数:指一个晶胞中的实际原子数目。

　　在立方晶胞中,顶角处的原子为 8 个晶胞共有,位于面中心的原子为 2 个晶胞共有,只有晶胞内部的原子为该晶胞独有,因此可以计算出:

　　体心立方晶胞中的原子数为 2 个:$8 \times 1/8 + 1 = 2$

　　面心立方晶胞中的原子数为 4 个:$8 \times 1/8 + 6 \times 1/2 = 4$

密排六方晶胞中的原子数为 6 个：$3+12\times1/6+2\times1/2=6$

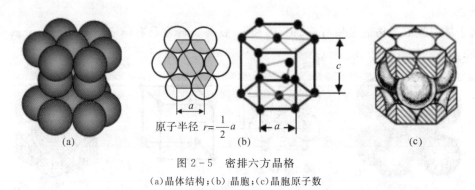

图 2-5 密排六方晶格

(a)晶体结构；(b) 晶胞；(c)晶胞原子数

(2)晶体的致密度：指金属晶胞中所有原子的总体积与该晶胞体积之比，它反映了金属晶体中原子排列的紧密程度。根据晶胞中的原子数、原子半径大小和晶格尺寸即可计算出晶体的致密度。

晶体的致密度=(晶胞中的原子数目×原子体积)/晶胞体积

体心立方晶胞中的致密度为 0.68：$2\times\dfrac{4}{3}\pi r^3/a^3=0.68$

面心立方晶胞中的致密度为 0.74：$4\times\dfrac{4}{3}\pi r^3/a^3=0.74$

密排六方晶胞中的致密度为 0.74：$6\times\dfrac{4}{3}\pi r^3/(6\times\dfrac{\sqrt{3}}{4}aac)=0.74$

在体心立方晶格中，原子所占的体积是 68%，其余 32%体积为空隙。面心立方和密排六方晶格中，原子所占的体积是 74%，其余 26%体积为空隙。

金属的晶体结构不同，原子间的紧密程度不同，原子间结合力和相互作用也就不同，因此不同金属表现出不同的性能。

2.1.3　金属的同素异构转变

有些金属(如铁、钴、钛、锡)在固态下，当温度变化时，其晶体结构会发生转变，这种现象称为同素异构转变，也称同素异晶转变。随着晶格类型的改变，原子排列形式、致密度和体积发生变化，性能也随之改变。

纯铁的同素异晶转变如图 2-6 所示。先将纯铁加热到 1 538℃以上，使其熔化为液态，然后缓慢地冷却。当温度降到 1 538℃时，铁水凝固为体心立方晶格，称为 δ-Fe；温度降到 1 394℃时，晶格类型转变成面心立方(称为 γ-Fe)；继续冷却到 912℃时，转变为体心立方晶格的 α-Fe。钢铁的组织和性能具有多样性，这与铁的同素异晶转变有密切关系。

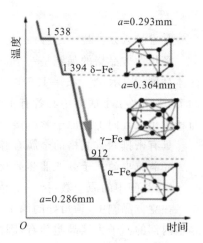

图 2-6　纯铁的同素异晶转变

2.1.4　纯金属的实际晶体结构

1. 单晶体和多晶体结构

一块晶体如果内部原子排列方向完全一致（即晶格位向完全一致），就称为单晶体，如图 2-7 所示。

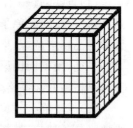

图 2-7　单晶体示意图

在单晶体中，不同晶面与晶向上原子排列的紧密程度是不同的。表 2-1 所示为体心立方晶格在不同晶面和晶向上的原子密度，由表可见，原子密度最大的晶面是(110)，原子排列最密的晶向是[111]。

表 2-1　体心立方晶格主要晶面与晶向的原子密度

晶面指数	晶面密度=原子数/晶面面积	晶向指数	晶向密度=原子数/晶向长度
(100)	$1/a^2$	[100]	$1/a$
(110)	$1.4/a^2$	[110]	$0.7/a$
(111)	$0.58/a^2$	[111]	$1.16/a$

一般来说，原子密度大，则原子之间的结合力就强。晶体内不同晶面和晶向上原子排列的紧密程度不同，使晶体在不同方位上的性能具有差异性，这种现象称为单晶体的各向异性。

目前，金属的单晶体只能通过特殊的方法才能制得。因此工程上常用的金属都是多晶体。

由许多小的单晶体组合而成的晶体称为多晶体。这些小单晶体大小不等，形状、位向各有不同，外形呈颗粒状，称为晶粒，晶粒与晶粒的分界面称为晶界，如图 2-8(a)所示。在晶粒内部，原子排列整齐，晶格位向一致，但相邻晶粒之间的晶格方位不相同，晶界成为两个不同方位原子排列的过渡层，晶界处的原子排列并不规则。

一般晶粒很小，钢铁材料的晶粒尺寸为 0.001~0.1 mm，要在显微镜下才能看见。在显微镜下观察到的金属中各晶粒的大小、数量和形态分布称为金相组织或显微组织，图 2-8(b)所示为在显微镜下观察到的纯铝的多晶体组织。

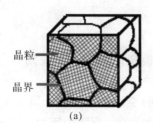
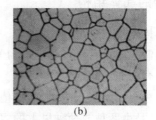

晶粒

晶界

(a)　　　　　　　　　(b)

图 2-8　单晶体与多晶体

(a)多晶体；(b)纯铝的多晶体组织

多晶体由大量不同位向的晶粒组成，所有晶粒在各方向上的性能有所抵消或补充，因而多晶体的性能在各个方向上是一致的，呈现出"各向同性"的特点。

2. 实际金属的晶体缺陷

在实际金属中，晶体内部原子的排列并不像理想晶体那样规则和完整。受许多因素的影响，某些区域的原子排列受到干扰和破坏。这些原子排列不规则、不完整的区域称为晶体缺陷。根据晶体缺陷的几何形态特点，可将其分为以下三类：

（1）点缺陷——空位、间隙原子。点缺陷是指三维方向尺寸都很小的一种缺陷，最常见的是晶格空位、间隙原子和置换原子，如图 2-9(a) 所示。晶格中未被原子占有的空着的结点位置称为晶格空位，晶格空隙处出现的多余原子称为间隙原子。点缺陷破坏了周围原子间作用力的平衡，使得周围原子向点缺陷处发生靠拢或撑开，造成周围晶格发生扭曲歪斜，这种现象称为晶格畸变。晶格畸变会使材料的性能发生变化，如强度得到提高。

（2）线缺陷——位错。线缺陷是指在晶体中有一个方向尺寸比较大的线状缺陷。常见的线缺陷是各种位错，如图 2-9(b) 所示。位错是由于晶体中原子面的错动使原子列产生的错排现象，包括刃形位错和螺形位错。位错也会使晶格发生畸变。一般来说，位错密度越大，材料的强度越好。

（3）面缺陷——晶界。面缺陷是呈面状分布的缺陷，指的是晶界（见图 2-9(c)）和亚晶界（亚晶界是指位向差很小，1°～2° 的小角度晶界）。晶界和亚晶界都是相邻两个不同位向晶粒的过渡区，原子排列不规则，存在杂质原子、空位以及位错等，会产生较大的晶格畸变。

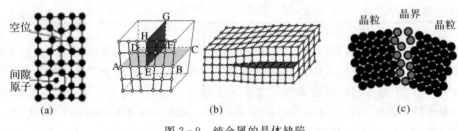

图 2-9　纯金属的晶体缺陷
(a)点缺陷；(b)线缺陷；(c)面缺陷

上述空位、间隙原子、位错、晶界和亚晶界等各种晶体缺陷，都会使晶格发生畸变，直接影响金属的力学性能。当材料受力时，晶格畸变增大使其塑性变形阻力增加，因此材料的强度得到提高。

2.1.5　合金的晶体结构

1.合金的基本概念

大多数纯金属制备困难，强度、硬度等力学性能较低，在应用上受到一定限制，工业上常用的金属材料大都是合金而不是纯金属。

合金是指以一种金属元素为主，加入其他元素（金属元素或非金属元素）熔炼而成的金属材料，也就是说合金是由两种或两种以上的组元构成的。合金中所含各元素的种类和比例称为化学成分。通过调整合金的化学成分可以达到工业上要求的某种性能。例如，纯铁的硬度很低，加入 0.8% 的碳，形成铁碳合金（碳钢），其硬度可以比纯铁高出数倍。而在铁中加入铬和镍后可以提高其耐腐蚀性。

合金中具有相同的化学成分、晶体结构和相同物理性能的组分称为"相"。

2.合金的晶体结构

由于加入了合金元素，合金的晶体结构与纯金属有所不同。根据合金元素原子存在的方式，合金可以分为固溶体和金属化合物两种。

（1）固溶体。组成合金的元素在固态下相互溶解形成的晶体物质称为固溶体，含量较多的元素称为溶剂,含量少的元素称为溶质。固溶体保持溶剂金属的晶体结构。根据溶质原子在固溶体晶格中存在的位置,可分为置换固溶体和间隙固溶体两种类型。

当溶质原子占据溶剂晶格结点的位置时(即溶剂原子被溶质原子置换)称为置换固溶体,如图 2-10(a)所示;当溶质原子处于溶剂晶格的间隙位置时称为间隙固溶体,如图 2-10(b)所示。

由于溶质原子的溶入,固溶体晶格产生了畸变,如图 2-10(c)所示,增加了变形时的抗力,因而使得材料的强度、硬度提高。

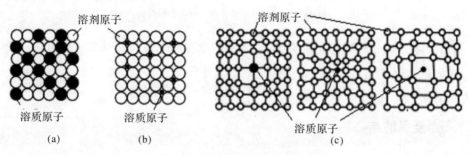

图 2-10　固溶体及其晶格畸变

(a)置换固溶体;(b)间隙固溶体;(c)固溶体的晶格畸变

这种通过加入溶质元素形成固溶体,使合金强度和硬度升高的现象称为固溶强化。固溶强化是提高合金力学性能的重要途径之一,其效果与晶格畸变的程度有关。

固溶体的性能与溶剂金属的性能及溶质元素的含量有关,适当控制溶质元素含量,可以在保持溶剂金属所具有的良好塑性和韧性的同时,显著提高合金的强度。因此,对综合力学性能要求高的零件材料,大多都是采用以固溶体为基体的合金。

(2)金属化合物。合金的组元相互作用形成了金属化合物。金属化合物是一种新产生的相,一般用分子式来表示。金属化合物常见的有正常价化合物、电子化合物和间隙化合物三种类型。

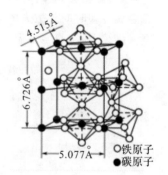

图 2-11　铁碳合金中的金属化合物 Fe_3C 结构

金属化合物的晶格类型和性能不同于它的任一组元,金属化合物一般具有很高的熔点、高的硬度和较大的脆性。例如,Fe_3C 是铁碳合金中的一种重要的金属化合物,常称为渗碳体,其晶体结构为复杂的斜方晶格(见图 2-11),熔点约为 1 227℃,硬度高(约为 1 000HV),塑性和韧性很差。

因此,金属化合物一般不作为单独的相来使用,而是以硬质点的形式分布于合金材料的基体中,起着强化作用。它们的形态、数量和分布对合金的性能有着较大影响。图 2-12 所示为金属化合物的几种不同形态。

合金中出现金属化合物,虽然可提高材料的硬度和耐磨性,但会降低材料的塑性。当金属化合物的形态呈粗大块状、条状和连续网状时,合金的脆性将急剧增大。

当金属化合物呈细小颗粒状均匀地分布在固溶体基体上时,会使合金的强度、硬度和耐磨性明显提高,此现象称为弥散强化。

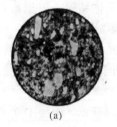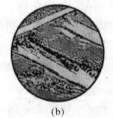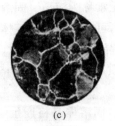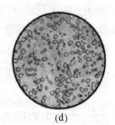

图 2-12　金属化合物的不同形态

(a)块状；(b)条状；(c)网状；(d)细小颗粒

金属化合物主要用来作为碳钢、合金钢、硬质合金及有色金属的重要强化相。

2.2　金属的结晶

2.2.1　金属的结晶

1.结晶

金属由液态转变为固态晶体的过程称为结晶。因为结晶所形成的组织直接影响金属的性能，所以研究金属结晶的基本规律，对改善其组织和性能具有重要意义。

2.冷却曲线

纯金属的结晶过程可用冷却曲线来描述。在液态金属缓慢冷却过程中，观察并记录温度随时间变化的数据，然后将其绘制在温度-时间坐标系上，就可得到该金属结晶时的冷却曲线。如图 2-13 所示为纯金属的冷却曲线。由冷却曲线可知，液态金属缓慢冷却时，温度不断下降，当温度降到 T_0 时，开始结晶，由于结晶过程中释放出一定热量（称为结晶潜热）补偿了液态金属冷却时向外散失的热量，因此冷却曲线上形成一水平线段。结晶完成后，固态金属的温度又继续下降，直至室温。T_0 称为理论结晶温度，也是金属的熔点。

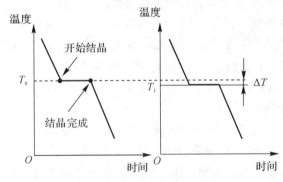

图 2-13　纯金属的冷却曲线

在实际生产中，液态金属冷却速度都很快。因此，液态金属的实际结晶温度 T_1 总是低于理论结晶温度 T_0，这种现象称为过冷现象。实际上，金属都是在过冷情况下结晶的。理论结晶温度与实际结晶温度之差称为过冷度，用 ΔT 表示，即 $\Delta T = T_0 - T_1$。过冷度 ΔT 与冷却速度有关，一般的规律是，冷却速度越大，过冷度 ΔT 越大。

3.结晶过程

　　液态金属中的原子由于热运动呈现无规则地排列,金属的结晶是金属由液态冷却成为固态晶体,原子趋于规则排列的过程,是一个晶核逐渐形成和晶核长大的过程。在冷却过程中,液态金属温度逐渐下降,当冷却到结晶温度时,某些原子按金属固有的晶格规则排列成小晶体,这些细小的晶体称为晶核,也称自发形核。晶核周围的原子按固有规律向晶核聚集,促使晶核逐渐长大。在晶核不断长大的同时,伴随着新的晶核产生及长大,直至结晶完毕。因此,结晶结束时就会形成许多位向不同、大小不同、形状也不规则的晶粒。

　　实际生产中,液态金属总包含一些杂质,它一般是由金属冶炼、熔化和浇注系统带入的。金属中含有的高熔点杂质质点和金属晶体的结构相近,能促进晶核在其表面上形成,这种依附于杂质而形成的晶核称为非自发形核。金属结晶时自发形核有限,因此在实际生产条件下,金属的结晶通常以非自发形核为主,可以向液态金属中加入一些杂质,来增加形核的数目。例如,在液态铝中加入钛,在液态铜中加入铁,在铸铁水中加入硅和钙等,都可促进晶核的形成和加速结晶过程。

2.2.2　晶粒大小对力学性能的影响

　　大量实践表明,多晶体金属的性能与晶粒大小有关。晶粒越细,晶界数量就越多,在相同的变形条件下,晶界对塑性变形的抵抗力就越大,强度和硬度就越高。同时,晶粒数量越多,晶粒的变形也越均匀,塑性和韧性也越好。因此,在常温下使用的金属材料,一般来说,晶粒越细越好。

　　晶粒的大小称为晶粒度。金属中晶粒的大小是不均匀的,一般可用单位面积上的晶粒数目或晶粒的平均直径来表示晶粒度。晶粒一般很小,典型尺寸为 0.01～0.1 mm,必须在显微镜下才能看见。显微镜下观察到的晶粒大小与形貌称为显微组织或金相组织。

　　工程上常把金相组织放大 100 倍,与标准晶粒度图比较来评级。如图 2-14 所示,标准晶粒度分为 8 级,1 级最粗,8 级最细。

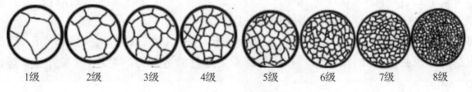

1级　　2级　　3级　　4级　　5级　　6级　　7级　　8级

图 2-14　标准晶粒度

　　表 2-2 为常温下测试的纯铁不同晶粒大小及其对应的性能数据。从表 2-2 中可以看出,常温下金属的晶粒越细小,强度和塑性越高。但在高温环境中使用的金属材料,反而是粗晶粒的性能要好一些。

表 2-2　晶粒大小对纯铁的影响

晶粒平均直径/μm	σ_b/MPa	δ_5/(%)
70	184	30.6
25	215	39.5
2	268	48.8
1	284	50.0

2.2.3 细化晶粒的方法

通过细化晶粒来提高金属的强度、塑性和韧性的方法称为细晶强化。

晶粒大小主要取决于单位时间内单位体积中产生的晶核数（形核率 N）和晶核长大的线速度（长大率 G）。凡是能促进形核率、抑制长大率的因素，都能细化晶粒。

铸造生产时，为细化晶粒提高金属的力学性能，常采用以下几种方法。

1. 增大过冷度

金属结晶时随过冷度的增加，形核率（N）和长大率（G）均增加，因此，增大过冷度可使晶粒细化。在生产中，可以通过加大冷却速度来增大过冷度，如加大冷却速度，提高铸型导热能力，降低液态金属的浇注温度等。

2. 加入形核剂(也称变质处理)

在浇注前，人为地向液态金属中加入一定量的高熔点金属或合金元素作为形核剂（也称变质剂），增加非自发形核，以增加形核率，这种方法也称为变质处理。加入形核剂是生产中常用的方法。例如，向钢液中加入铝、钒等。

3. 附加振动

用搅拌、振动等机械方法迫使凝固中的液态金属流动，可以使附着于铸型壁上的细晶粒脱落，或使长大中的树状枝晶破碎、折断，不仅使晶粒因破碎而细化，而且破碎了的细小枝晶又可起到新晶核的作用，从而增加形核率。附加振动的具体方法有机械振动、超声波振动和电磁振动等。

2.3 金属材料的冷变形和热变形

金属内部的组织结构决定其性能，而影响金属组织的因素主要有两个：金属的成分及它所经历的加工工艺。因此，在设计机械零件时，确定选择某种成分的金属材料后，还需要选择适当的加工工艺，才能使零件获得所需的使用性能。

对于机器上的许多重要零件，通常需要经过压力加工(锻造、轧制、拉拔和冲压等)的方法得到成品或半成品。例如，大型的轴和齿轮都需要经过锻造来得到毛坯，汽车外壳常经过冲压来成型。

塑性变形是压力加工的基础，金属在发生塑性变形时，除了能获得一定的形状和尺寸外，其内部组织也会发生变化，对其性能造成一定影响。因此，研究塑性变形过程中组织结构与性能的变化规律，对改进材料的加工工艺、提高产品的质量以及合理应用材料都具有重要意义。

2.3.1 金属的塑性变形实质

1. 单晶体的塑性变形

常温下，单晶体的塑性变形主要有滑移和孪生两种方式，其中滑移是主要方式。

(1)滑移。滑移是指在切应力作用下，晶体的一部分相对于另一部分沿一定晶面（滑移面）和一定晶向（滑移方向）发生的相对滑动。

单晶体在受拉伸时，作用在滑移面上的应力可分解为正应力 σ 和切应力 τ，如图 2-15(a)所示。正应力使晶体沿轴向发生伸长，切应力则引起某个晶面两侧的原子发生相对滑移，一般滑移的距离为原子间距的整数倍。许多晶面上都发生滑移后就形成了单晶体的塑性变形,如图 2-15(b)所示。

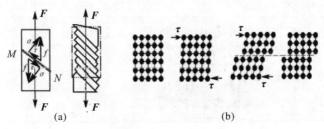

图 2-15　单晶体的滑移

(a)单晶体的滑移;(b)单晶体在切应力下的塑性变形

晶体中滑移并不是在所有晶面上发生,而是在原子结合力最弱的两个平行晶面间进行。以面心立方晶体为例进行分析,如图 2-16 所示,位于 A 方向(或 B 方向)上的两平行晶面间的原子间距最小,原子结合力强,滑移困难。而位于对角线 C 方向上的两平行晶面间的原子间距大,容易产生滑移,并且可以看到,在该方向上原子紧密接触,晶面与晶向的密度都是最大的,所以金属的滑移是沿着原子密度最大的晶面和晶向发生的。能够产生滑移的晶面和晶向分别称为滑移面和滑移方向。

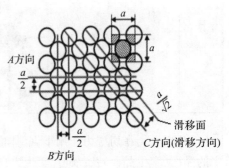

图 2-16　滑移面和滑移方向

在金属的塑性变形中,一般用滑移系表示金属的塑性变形能力。一个滑移面与其上的一个滑移方向组成一个滑移系,因此滑移系的数目可用滑移面数和滑移方向数的乘积来表示。三种典型金属晶格中的滑移系见表 2-3。滑移系数目越大,金属的塑性越好;当滑移系数目相同时,滑移方向越多,塑性越好。面心立方晶格和体心立方晶格的滑移系数为 12,密排六方晶格的滑移系数为 3,面心立方晶格滑移方向比体心立方晶格的多,因此面心立方晶格的塑性最好,密排六方晶格的塑性最差。

表 2-3　三种典型金属晶格的滑移系

晶格	滑移面	滑移方向	滑移系
体心立方晶格	{110}×6	<111>×2	
	{110}晶面 <111>晶向		6×2=12

续表

晶格	滑移面	滑移方向	滑移系
面心立方晶格	{111}×4 （图示：{111}晶面、<110>晶向）	<110>×3	4×3＝12
密排立方晶格	六边形底面×1 （图示：正六边形底面、对角线）	底面对角线×3	1×3＝3

（2）孪生。在切应力作用下,晶体的一部分相对于另一部分以一定的晶面(孪生晶面)及晶向（孪生方向)产生剪切变形,这种变形方式称为孪生。如图 2-17 所示,双点划线为孪生前的位置,孪生变形发生后,晶体孪生带中的晶格位向发生变化,因此孪生变形所需要的切应力比滑移变形大得多。因此单晶体塑性变形的主要方式是滑移,只有在滑移难以发生时,才会产生孪生。

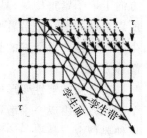

图 2-17 孪生变形后

2. 多晶体的塑性变形

多晶体的塑性变形仍然是滑移和孪生,但由于晶界的存在,多晶体的塑性变形具有以下特点:

（1)多晶体由大小不等的许多晶粒组成,在发生塑性变形时,并非所有晶粒都同时进行滑移,而是随着外力的增加,晶粒分期、分批地进行滑移。

（2)晶界是两个晶粒的交界面,属于不同位向晶格的过渡区,该处原子排列不规则,晶格畸变对滑移有阻碍作用,使得晶体变形时晶界处的强度高于晶粒内。因此晶粒越细小,晶界越多,多晶体的塑性变形抗力越大,表现出较高的强度和硬度。同时,晶粒越多,变形分散到较多的晶粒内,不容易发生应力集中,多晶体的塑性也越好。

2.3.2　冷塑性变形对金属组织和性能的影响

金属材料在经历冷塑性变形之后,在组织结构及性能上会发生明显的变化,具体有以下几个方面。

1. 出现纤维组织,性能趋于各向异性

金属在发生塑性变形时,随着外形的变化,金属内部的晶粒碎化,形状也沿变形方向被拉长或压扁。当变形程度很大时,在金相显微镜下可观察到晶粒伸长为细条状或纤维状,称为冷加工纤维组织。

图 2-18 为冷轧黄铜的显微组织。由图 2-18 可见,随着变形度的增加,晶粒变小,逐渐伸长,当变形度为 50% 时,晶体中的晶粒被拉长成细条状,晶界变得模糊,形成了纤维组织。

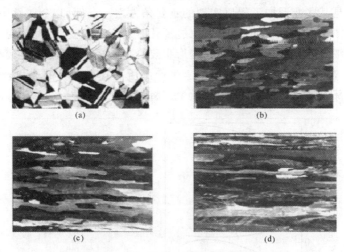

图 2-18　冷轧黄铜的显微组织
(a)变形度 0%;(b)变形度 15%;(c)变形度 25%;(d)变形度 50%

由于出现了纤维组织,多晶体金属的性能也趋于各向异性。在平行于纤维的方向上,强度和塑性都比较高;在垂直方向上则比较低,性能表现出明显的方向性。表 2-4 给出了碳钢($w_C = 0.45\%$)的力学性能与纤维方向的关系,可见纵向的性能优于横向的性能。

表 2-4　碳钢($w_C = 0.45\%$)的力学性能与纤维方向的关系

方　　　向	σ_b/ MPa	$\sigma_{0.2}$/ MPa	δ/(%)	ψ/(%)	A_k/ J
平行纤维方向(纵向)	715	470	17.5	62.8	62
垂直纤维方向(横向)	675	440	10	31	30

当金属板材中存在着纤维组织,在对其进行弯曲变形加工时,如果弯曲方向选择不当,就容易发生断裂,如图 2-19 所示。

图 2-19　弯曲板材时的方向选择
(a)合理;(b)不合理

2. 产生加工硬化

图 2-20 所示为碳钢($w_C = 0.3\%$)发生塑性变形时,其力学性能与变形程度的关系。由图 2-20 可见,随着塑性变形程度的增大,金属的强度和硬度逐渐升高,塑性和韧性逐渐降低,

这种现象称为加工硬化(亦称形变硬化或冷作硬化)。

加工硬化在生产中具有很重要的实际意义,具体如下:

(1)可利用加工硬化来强化金属,提高其强度、硬度和耐磨性。特别是对于那些不能用热处理方法来强化的金属材料(如纯金属、黄铜等),加工硬化是有效的强化方法。

(2)加工硬化是某些变形加工得以实现的重要条件之一。例如,金属丝一般都是用拉拔的方法来制成的,如图2-21所示。金属丝被拉过模孔时发生塑性变形,直径变小,同时加工硬化使它的强度升高,细丝不会被拉断,后续的变形主要是在直径较大、变形度较小的部分发生,这样才能拉着未变形部分源源不断地通过模孔,生产出所需直径大小的金属丝。如果没有加工硬化效应,变细的部分将很容易被拉断,拉丝生产将不能正常进行。

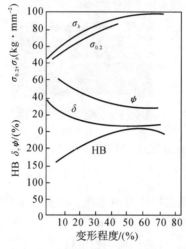

图 2-20 碳钢($w_C=0.3\%$)的变形
程度与力学性能的关系

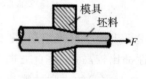

图 2-21 拉拔示意图

(3)加工硬化还可以提高金属材料使用的安全性。用金属材料制成的受力结构件,在非正常情况下受到过大载荷的作用时,可能发生塑性变形,并出现加工硬化。这时材料的强度提高了,就可能使塑性变形自动中止,防止断裂,从而提高了金属结构件工作的安全性。

(4)加工硬化有时也会给生产带来负面效应。在对金属进行变形加工时,由于加工硬化,金属的强度提高,使得继续变形要消耗更多的动力;更重要的是,变形达到一定程度后,材料的塑性下降很多,如果再勉强变形,将使金属发生破裂。为了克服加工硬化给变形带来的困难,可以将变形达到一定程度的金属半成品进行热处理,消除加工硬化,以利于进一步变形加工。

3.产生残余内应力

塑性变形后,还会在金属内部引起残余内应力。残余内应力的存在会使得金属工件的外形尺寸和性能处于不稳定的状态。

4.理化性能的变化

塑性变形除了影响金属的力学性能外,还会使其物理和化学性能发生变化,例如使金属的电阻率增大、抗腐蚀性降低等。

2.3.3 变形金属在加热时组织和性能的变化

金属在塑性变形后,发生了晶格畸变和晶粒破碎现象,处于组织不稳定状态。常温下,金属原子的活动能力不大,所以能长时期地维持这种不稳定状态。如果对变形后的金属加热,则组织和性能会发生一系列变化,最终达到稳定状态。图 2-22 所示为变形金属在加热时其晶粒大小和性能变化的示意图,可见这个变化过程分为三个阶段,即回复、再结晶和晶粒长大。

1. 回复

如图 2-22 所示,当加热温度低时,原子活动能力小,晶粒大小形状无明显变化,金属组织仍然保持塑性变形时形成的纤维组织,强度和硬度变化不大,但内应力显著降低。

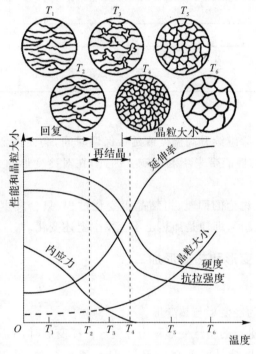

图 2-22　加热温度对塑性变形金属的组织和性能的影响

在工业生产中,可利用回复现象将冷变形成型的成品零件,在较低温度下加热(回复的温度 T_2 范围内),基本消除内应力,而保留其强化的力学性能,这种热处理工艺叫作去应力退火。例如,用冷拉钢丝卷制成的弹簧,绕成后在 280～300℃ 低温加热退火以消除内应力,使得弹簧有较高的强度和弹性,外形尺寸又很稳定。

2. 再结晶

如图 2-22 所示,变形金属随着加热温度升高,原子活动能力增加,当被加热到一定温度范围时,将逐渐生成颗粒状的晶粒,取代原先的纤维组织,这个过程称为再结晶。随着再结晶的进行,金属的强度和硬度逐渐降低,塑性逐渐升高。当再结晶过程完成时,先前因塑性变形造成的加工硬化也就消失,同时内应力也消除了。

实践表明,纯金属的再结晶温度($T_{再}$)与金属的熔点($T_{熔}$)存在以下关系:

$$T_{再} = (0.35 \sim 0.4)T_{熔}(K)$$

上式表明,纯金属的熔点越高,再结晶温度就越高。应当注意,应用上式时必须采用绝对温度(K)。$T = T' + 273.15$,当 $T' = 0℃$ 时,$T = 273.15K$。工业上再结晶温度通常取 $T_{再}$ 加上 100～200℃。

在工业生产中,常常把经过冷变形加工的金属半成品加热到再结晶温度之上保温,使之发生再结晶,消除加工硬化,提高塑性,以利于进一步变形加工,这种热处理工艺称为再结晶退火。再结晶退火总是穿插在两道变形工序之间进行,因此又称为中间退火。表2-5列出了几种常用金属材料的再结晶退火和去应力退火温度。

表2-5　几种常用金属材料的再结晶退火和去应力退火温度

金属材料	再结晶退火温度/℃	去应力退火温度/℃
碳素结构钢	680～720	500～650
工业纯铝	350～420	100
铝合金	350～370	100
黄铜	600～700	270～300

3.晶粒长大

再结晶完成之后,如果继续升高温度或延长保温时间,会使得金属的晶粒继续长大,引起晶粒粗化,这将给金属的性能带来不利影响。因此,在对冷变形的金属进行再结晶退火的时候,应当控制好温度。

应当注意的是,以上讨论的回复、再结晶等变化过程,只会发生于经过塑性变形的金属。如果金属没有经历塑性变形,即便是加热也不会发生上述变化。

2.3.4　金属的冷变形和热变形加工

1.冷变形与热变形

金属的塑性变形分为冷变形与热变形。

在再结晶温度以下进行的塑性变形称为冷变形。冷变形时,金属发生加工硬化,使继续变形困难。大多数金属的再结晶温度都高于常温,对它们而言,常温下的塑性变形就属于冷变形。

在再结晶温度以上进行的塑性变形称为热变形。

热变形时,金属材料同时产生了塑性变形与再结晶,塑性变形引起的加工硬化会被随即发生的再结晶带来的软化作用(强度、硬度降低,塑性增大)抵消,金属在热变形时就显示出稳定的高塑性状态,使塑性变形加工得以持续顺利进行。通过热变形将金属加工成产品的工艺方法称为热加工(或热压加工)。例如,热轧和锻造都是热变形加工。

2.热变形加工对金属组织和性能的影响

热变形加工能够改善铸造组织,细化晶粒,显著提高金属材料的力学性能。

金属由液态结晶后得到的组织称为铸造组织,铸造组织中常存在着分散缩孔(疏松)、气孔、粗大晶粒、粗大的化合物等缺陷和不良组织。这些缺陷和不良组织在热变形时可以被消除或改善,从而提高金属的力学性能。

表2-6列出了含碳量为0.3%的钢在铸造与锻造后的钢的力学性能数据,可见锻造后的钢的力学性能较好。因此,生产中许多重要的机械零件通常都要经过热变形加工来制造。例如,飞机的机翼大梁、起落架筒,汽车的传动齿轮和转向机构零件,它们的毛坯都是用锻造方法来生产的。

表 2 - 6　碳钢($w_C=0.3\%$)铸造与锻造后的力学性能比较

加工状态	σ_b/MPa	σ_s/MPa	δ_5/(%)	A_k/J
锻造	530	310	20	56
铸造	500	280	15	28

3.热变形加工形成纤维组织

金属在发生塑性变形时,随着外形的变化,金属内部的晶粒和杂质也沿变形方向发生变形,形成稳定的流线。图 2-23 所示为锻件中的纤维流线(纤维组织)。

在锻造生产中,应当使锻件内部的纤维组织沿着锻件的轮廓分布,这样才能使锻件的力学性能达到较高的水平。图 2-24 展示了一些工件的合理流线,如曲轴经过锻造成型的流线是连续的,性能较好,而切削成型的曲轴在工作时很容易在轴肩处发生断裂。

图 2-23　锻件中的纤维流线

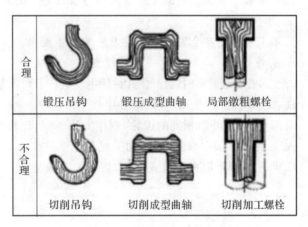

图 2-24　工件的合理流线选择

工件中的流线分布无法用加热与冷却的热处理方法去消除或改变,只能依靠适当的塑性变形来改善流线的分布。在不希望金属材料中出现各向异性时,应采用不同方向的变形来打乱流线的方向性。

习　　题

一、简答题

1.将铜管弯曲成一定形状,随着铜管的弯曲程度的增加,感觉越弯越费劲,而且铜管还容易破裂,这是什么原因? 如何消除这种现象?

2.用冷变形的方法将冷轧黄铜片做成弹簧,此弹簧有较高弹性和强度,但尺寸不稳定,而且耐腐蚀性不好。用什么方法可以保持其高弹性、高强度,同时又提高其尺寸稳定性和耐腐蚀性?

3.钨在 1 000℃加工,是热加工吗? 铅板在室温下(23℃)加工是冷加工吗?(铅的熔点为327℃,钨的熔点为 3 380℃)

4.用冷拉钢丝吊装某工件一起进入热处理炉内加热至 1 000℃,加热后,当吊装工件出炉时却发生断裂,这是为什么?

5.比较下列情况铸件晶粒大小:

(1)薄铸件与厚铸件　(2)铸件中心与铸件表层　(3)浇注时振动与不振动

(4)金属型与砂型铸造

二、判断题

1.金属是非晶体物质。

2.单晶体是各向同性的。

3.常用的金属材料大多是纯金属。

4.常用的金属材料是多晶体材料。

5.多晶体材料是各向同性的。

6.金属只要被加热到一定的温度,就会发生再结晶。

7.在常温下金属发生的塑性变形叫冷变形,在加热后发生的塑性变形叫热变形。

三、单项选择题

1.加工硬化是在金属(　　)时发生的伴生现象。

A.弹性变形　　　　　　B.塑性变形　　　　　　C.断裂　　　　　　D.热处理

2.金属在塑性变形时,会产生几种伴生现象。下列现象中,哪一条不是其伴生现象?(　　)

A.加工硬化　　　　　　B.导电性下降　　　　　C.耐腐蚀性下降　　D.强度下降

3.四个材料、外形相同的齿轮,制作方法不同,比较哪种好。(　　)

A.热轧厚钢板上取料,切削加工成型　　　　　　　B.热轧圆钢上取料,切削加工成型

C.热轧圆钢上取料锻造成毛坯,切削加工成型　　　D.铸造成毛坯,切削加工成型

模块 3　铁碳合金及其相图

❖学习目标：
(1)了解铁碳合金相图及其应用；
(2)熟悉铁碳合金的几种平衡组织。
❖学习重点：
(1)掌握铁碳合金的分类以及含碳量对其组织和性能的影响；
(2)掌握铁碳合金的几种平衡组织及性能特点。

目前，材料的种类繁多，但在机械工程上仍然主要使用金属材料，而钢铁是现代工业中产量最大、应用最广的金属材料。

纯金属结晶后得到的是单相的固溶体，而合金结晶后，既可获得单相固溶体，也可获得单相金属化合物，但更常见的是既有固溶体又有金属化合物的多相组织。合金组元不同，获得的固溶体和化合物的类型也不同，且在不同的成分和温度时，合金中的相将以不同的状态(组织)存在。分析合金组织及变化规律的重要工具是合金相图。合金相图表示在平衡条件下(温度变化极其缓慢的条件)合金组织、成分和温度之间关系的图形，借助相图就可以确定任何一个给定成分的合金在不同温度时的组织。

钢铁的基本成分是铁元素和碳元素，故又称为铁碳合金。不同成分的铁碳合金具有不同的组织和性能。在生产中，常常需要使铁碳合金获得某种预期的组织，从而获得预期的性能。要做到这一点，必须掌握铁碳合金中组织的变化规律。

3.1　铁碳合金相图

3.1.1　合金相图的建立

建立合金相图最常用的方法是热分析法。将合金加热熔化后缓慢冷却，绘制其冷却曲线。当合金发生结晶或固态相变时，由于相变潜热放出，抵消外界的冷却散热，在冷却曲线上形成拐点，拐点所对应的温度就是该合金发生某种相变的临界点。

现在以 Cu-Ni 二元合金相图的建立过程为例做简要说明。

首先配制一系列不同质量比例的合金溶液，然后分别将液态合金缓慢冷却至室温，记录下各液态合金的冷却曲线。如图 3-1(a)所示为纯铜(100%Cu)、纯镍(100%Ni)、30%Ni70%Cu合金、50%Ni50%Cu 合金和 70%Ni30%Cu 合金的冷却曲线。在冷却曲线上出现的两个转折点分别代表结晶开始和结晶结束点，也是相的转变点(相变点)。

最后将各不同成分合金的相变点标注在以成分为横坐标,以温度为纵坐标的直角坐标系中,最左端为纯铜,从左到右 Ni 的含量(质量分数,下同)逐渐增加,如图 3-1(b)所示。用曲线将结晶开始点 1,2,3,4,5 连接起来,此线称为液相线;用曲线将结晶结束点 1′,2′,3′,4′,5′ 连接起来,称为固相线。液相线和固相线将该相图分成了三个区域:液相区 L(L 表示液相);固相区 α(α 表示固相);液固混合区 L+α,如图 3-1(c)所示。

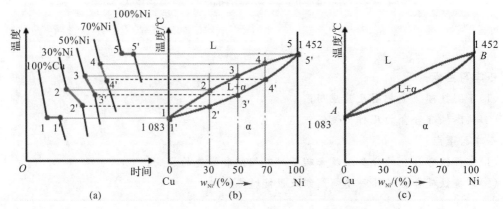

图 3-1   热分析法建立的 Cu-Ni 二元合金相图
(a)冷却曲线;(b)合金相图建立;(c)合金相图

同样的方法可以建立铁碳合金相图,只是铁碳合金组织种类较多,因此相图会更复杂。在铁碳合金中,Fe 与 C 可以形成一系列化合物:Fe_3C,Fe_2C 和 FeC。由于化合物是硬脆相,工业上使用的铁碳合金含碳量(碳的质量分数,下同)不超过 5%,含碳量大于 6.69% 已无实用价值,因此,通常所说的铁碳合金相图其实是 $Fe-Fe_3C$ 部分。

3.1.2 铁碳合金的平衡组织

铁碳合金相图中的组织是在平衡条件(极其缓慢地加热)下测定的,称为平衡组织。

1.铁素体(F)

铁素体是碳溶于 α-Fe(912℃以下存在的体心立方晶格的 Fe)形成的间隙固溶体,用符号 F 表示。图 3-2 所示是在显微镜下拍摄的铁素体组织的照片。在显微镜下,铁素体的形态是白亮的、晶界不规则的晶粒。碳原子处于 α-Fe 的晶格间隙中,α-Fe 溶碳能力极小,因此 F 的固溶强化效果不大,室温下 F 的性能与纯铁类似,是铁碳合金中强度、硬度最低的组织,但其塑性很高。

2.奥氏体(A)

奥氏体是碳溶于 γ-铁(912℃以上存在的面心立方晶格的 Fe)形成的间隙固溶体,用 A 表示。奥氏体是一种固态高温组织,一般只在 727℃ 以上才能稳定地存在,当温度下降到 727℃ 以下时,A 会转变成其他组织。奥氏体的强度和硬度也不高,高温时塑性、韧性很好。图 3-3 所示为奥氏体组织,A 的组织与 F 相似,但晶界较为平直。

3.渗碳体(Fe_3C)

渗碳体是铁和碳形成的金属化合物,用分子式 Fe_3C 表示。它的碳含量(质量分数)$w_C=6.69\%$,熔点为 1 227℃。由于碳在铁中的溶解度很小,特别是常温下更小,碳在铁碳合金中主要以 Fe_3C 形式存在。渗碳体的硬度极高(约 800HB),强度低(3MPa 左右),塑性几乎为 0,因此 Fe_3C 是一种硬脆的组织。渗碳体在铁碳合金中常以颗粒状、条状、网状的形态存在,有时还可能与铁素体、奥氏体相混合形成混合物。其形态、数量和分布对铁碳合金的性能有很大影响,是钢中主要的强化相。

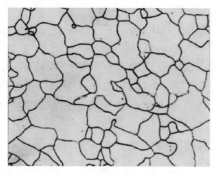

图 3-2　铁素体

图 3-3　奥氏体

4.珠光体(P)

珠光体是铁素体与渗碳体形成的层片状混合物,代号为 P。图 3-4 是珠光体的显微照片。珠光体的硬度和塑性介于铁素体与渗碳体之间,强度却比二者都高。

5.莱氏体(Ld)

在常温下,莱氏体是渗碳体与珠光体的混合物(Fe_3C+P),代号为 Ld'。温度高于 727℃时,P 转变为 A,称为高温莱氏体,代号为 Ld。其形态如图 3-5 所示。图 3-5 中白色部分是渗碳体,黑色部分是珠光体,因为珠光体的层片极细,在显微镜下难以分辨,所以呈黑色。莱氏体中基体相为渗碳体,所以其硬度很高,塑性、韧性很低。当铁碳合金中出现莱氏体组织时,将变得又硬又脆。

图 3-4　珠光体

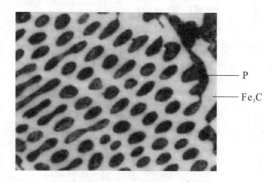

P

Fe_3C

图 3-5　莱氏体 Ld′

表 3-1 列出了铁碳合金中几种组织的性能数据。

表 3-1　铁碳合金中几种组织的性能

组　　织	硬度/HBW	σ_b/MPa	δ_5/(%)
铁素体(F)	50~80	180~280	30~50
奥氏体(A)	170~220	400	40~60
渗碳体(Fe_3C)	800	2~3	0
珠光体(P)	160~280	800~850	20~25

虽然室温下铁碳合金的组织形态不同,但从碳的存在形式看,铁碳合金在室温下只有两个基本相——铁素体和渗碳体。又因为 F 中的含碳量非常少,所以铁碳合金中的碳绝大部分存在于渗碳体中。

3.1.3 铁碳合金相图分析

简化的铁碳合金相图如图 3-6 所示,横坐标代表铁碳合金的成分(碳含量 w_C(%)),纵坐标代表温度(℃)。图 3-6 被若干条直线和曲线划分成若干个区域,在每个区域中用符号表示铁碳合金的组织状态(值得注意的是,不可随意改变各符号),则该铁碳合金相图表达的是不同碳含量的铁碳合金在不同温度时的组织状态。

图 3-6 中,处于不同位置上的某点均代表某种温度的某一成分的铁碳合金。例如,图 3-6 中的 S 点表示温度为 727℃,$w_C=0.77\%$ 的铁碳合金。

图 3-6 所示的相图中有以下几条重要的特征线:

(1) ACD 为液相线,合金在此线以上为液态。

(2) AECF 为固相线,合金在此线以下为固态。

(3) GS 线称为 A_3 线:$w_C<0.77\%$ 的铁碳合金冷却时,A 中开始析出 F 的转变开始线;或者合金加热时,F 向 A 的转变终了线。

(4) ES 线称 A_{cm} 线:$0.77\%<w_C<2.11\%$ 的铁碳合金冷却时,A 中开始析出 Fe_3C 的转变线,是碳在 A 中的溶解度线(固溶线)。在 1 148℃(E 点)时,溶解度最大为 2.11%,随着温度降低,溶解度减小,在 727℃(S 点)时,$w_C=0.77\%$。因此 $w_C>0.77\%$ 的铁碳合金从 1 148℃冷却至 727℃时,由于 A 中溶碳能力降低,均会从奥氏体中沿晶界析出渗碳体。

(5) PSK 称为 A_1 线:共析转变线,表示 $0.021\,8\%<w_C<6.69\%$ 的铁碳合金固相 A 冷却至 727℃时,均会发生共析转变,转变产物称为珠光体 P(P 是 F 基体上分布着层片状的 Fe_3C),A-P(F+Fe_3C)。

(6) ECF 为共晶转变线:表示 $2.11\%<w_C<6.69\%$ 的液态铁碳合金 L 冷却至 1 148℃时发生共晶转变,从 L 中结晶出莱氏体 Ld(莱氏体是 Fe_3C 基体上分布着一定形态的 A),L-Ld(A+Fe_3C)。

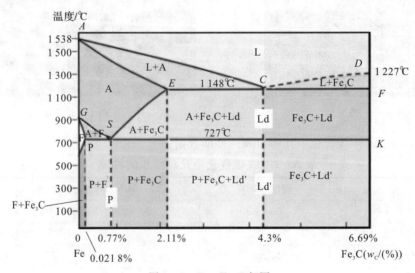

图 3-6　Fe-Fe_3C 相图

注:图中 Ld 表示高温莱氏体 Fe_3C+A;Ld′表示低温莱氏体,727℃以下为 Fe_3C+P。

　　只要知道铁碳合金的成分(含碳量)以及所处的温度,就可以在铁碳合金相图上查出该合金的组织状态。例如,要知道含碳量为 0.45% 的铁碳合金在不同温度下的组织状态,可先在横坐标上通过 $w_C = 0.45\%$ 的点作垂线,再在纵坐标上通过指定的温度点作水平线,根据两线相交所得的交点 a,b,c,d,e 的位置所在区域就能得知该合金的组织状态,如图 3-7 所示。判断结果列于图右侧所示表格。

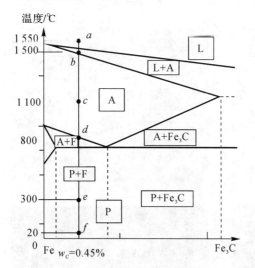

由 $w_C=0.45\%$ 与温度交点所在位置判断合金的组织状态

温度/℃	交点	组织
1 550	a	L
1 500	b	L+A
1 100	c	A
800	d	F+A
300	e	F+P
20	f	F+P

图 3-7　利用铁碳合金相图判断铁碳合金的组织

3.2　铁碳合金的分类、组织及性能

3.2.1　铁碳合金的分类与组织

　　根据铁碳合金在常温的平衡组织,可以把铁碳合金分为三大类——工业纯铁、钢和白口铸铁(生铁),见表 3-2。

表 3-2　铁碳合金按平衡组织分类

类　别	工业纯铁	钢			白口铸铁		
		亚共析钢	共析钢	过共析钢	亚共晶白口铸铁	共晶白口铸铁	过共晶白口铸铁
含碳量/(%)	<0.021 8	[0.021 8,0.77)	=0.77	(0.77,2.11]	(2.11,4.3)	=4.3	(4.3,6.69]
常温时的平衡组织	F	F+P	P	P+Fe₃C	P+Fe₃C+Ld	Ld	Fe₃C+Ld

1. 工业纯铁

　　工业纯铁的含碳量小于 0.021 8%,在常温的组织是铁素体(见图 3-6)。工业纯铁的强度、硬度都很低,一般不用来制造机械零件,主要是作为一种软磁材料用于制造电器元件。

2. 钢

　　钢是含碳量在 0.021 8%～2.11% 之间的铁碳合金。钢是重要的工程材料,可细分为亚共析钢、共析钢和过共析钢。在常温下,三者的平衡组织有所不同,但共同点是都有珠光体组织。

亚共析钢的组织是铁素体和珠光体(F+P)。图 3-8 所示是几种不同含碳量的亚共析钢的平衡组织照片。照片中浅色的晶粒是铁素体,黑色部分是珠光体(这是由于图中珠光体的层片很细,难于分辨,并呈现为黑色)。由此可以看出,随着含碳量增加,珠光体逐渐增多,铁素体逐渐减少。因为珠光体的强度和硬度比铁素体高,塑性和韧性比铁素体低,所以随着含碳量增加,亚共析钢的强度和硬度上升,塑性和韧性下降。

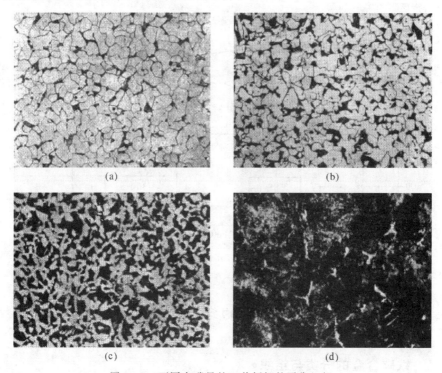

图 3-8　不同含碳量的亚共析钢的平衡组织

(a)$w_C=0.1\%$;(b)$w_C=0.2\%$;(c)$w_C=0.4\%$;(d)$w_C=0.7\%$

如图 3-9 所示,共析钢的含碳量为 0.77%,组织全部是珠光体 P,白色基体为 F,黑色片状为渗碳体 Fe_3C。共析钢的综合力学性能较好。

过共析钢的含碳量为 $0.77\%\sim2.11\%$,组织是珠光体+渗碳体($P+Fe_3C$)。图 3-10 所示是 $w_C=1.2\%$ 的碳钢的平衡组织照片,白色网状为 Fe_3C,黑色为 P。过共析钢中,由于 Fe_3C 较多,硬度较高。

 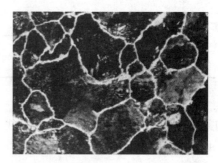

图 3-9　共析钢($w_C=0.77\%$)的平衡组织　　　图 3-10　过共析钢($w_C=1.2\%$)的平衡组织

3.白口铸铁

白口铸铁又称生铁,是含碳量在 $2.11\%\sim6.69\%$ 之间的铁碳合金。白口铸铁可以细分为亚共晶白口铁、共晶白口铁和过共晶白口铁三种,它们在组织上的共同特点是都有莱氏体。莱氏体是一种硬脆的组织,它的存在使白口铸铁硬度很高,难于切削加工;塑性很低,不能进行变形加工,而且很容易发生脆性断裂。因此,除特殊情况外,白口铸铁很少直接用来制造机械零件,主要用作熔炼钢和灰口铸铁的原料。

3.2.2　含碳量对钢的组织和性能的影响

随着含碳量的增加,组织中的渗碳体逐渐增多,使得钢的硬度上升,塑性和韧性下降。

当含碳量小于 0.9% 时,随着含碳量增加,F 含量逐渐减少,P 和 Fe_3C 含量逐渐增多,钢的强度上升。但当含碳量大于或等于 0.9% 时,渗碳体沿着原奥氏体晶界形成连续的网状,这种网状渗碳体削弱了晶粒之间的结合,使钢的脆性大大增加,强度逐渐下降,如图 3-11 所示。

过共析钢由于含碳量增加而逐渐变脆,因此,除了个别合金钢以外,大多数钢的含碳量都在 1.3% 以下,含碳量过高的钢因为脆性太大而失去使用价值。

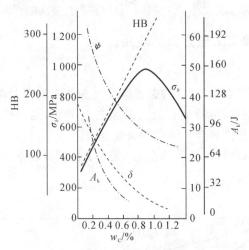

图 3-11　含碳量对钢力学性能的影响

综上所述,含碳量对钢的性能有显著的影响,所以人们常常根据钢的含碳量将钢分为低碳钢、中碳钢和高碳钢:

低碳钢: $w_C<0.25\%$,强度、硬度低,塑性、韧性好;

中碳钢: $0.25\%\leqslant w_C\leqslant0.6\%$,具有较好的综合力学性能;

高碳钢: $w_C>0.6\%$,硬度和耐磨性较高,塑性、韧性较低。

3.3　铁碳合金知识在实际工作中的应用

铁碳合金相图对实际生产具有指导意义,它为合理选用钢铁材料、制定热加工工艺提供理论依据。

3.3.1 在选择钢铁材料方面的应用

了解铁碳合金的含碳量、组织和性能之间的关系后，就可以根据工件的使用性能要求来合理选用钢铁材料。

一般来说，低碳钢的强度、硬度比较低，但塑性、韧性较好；中碳钢有较好的综合力学性能；高碳钢的硬度和耐磨性高，但脆性大一些。

建筑结构（如钢筋、支架等）、日用五金制品（如铁丝、螺栓和螺帽、钢制家具等）、电器零件（如冰箱外壳、电风扇叶片等）等产品对强度要求不很高，但要求钢材有较好的塑性，以便加工成型，所以常选用低碳钢。

机械零件（如齿轮、轴等），要求材料有良好的综合力学性能，也就是说，材料的强度、硬度、塑性和韧性都要达到一定水平，通常选用中碳钢。

弹簧要求较高的弹性和强度，一般选用含碳量为 0.5%～0.8% 的钢。

刀具和冷冲压模具要求高的硬度和耐磨性，一般选用的是高碳钢。

白口铸铁硬度高，脆性大，不能锻造，难以切削加工，一般不用来制造机械零件。但它的铸造性能很好，可以用铸造的方法来生产一些对耐磨性要求很高的产品，如犁铧、球磨机磨球等。

3.3.2 在制定热加工工艺方面的应用

1. 在铸造工艺中的应用

对于已知含碳量的铁碳合金，可以根据铁碳合金相图来确定其熔炼温度。液态合金在浇注之前的温度（称为浇注温度）应控制在凝固温度之上 50℃，也要根据铁碳合金相图来确定，图 3-12 标出了不同成分的铁碳合金的浇注温度范围。

从铁碳合金相图还可以看出，含碳量在 4.3% 左右的铁碳合金熔点比较低，这种成分的合金适合铸造生产。

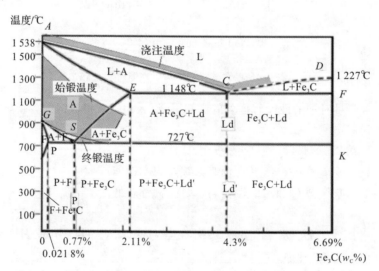

图 3-12 根据铁碳合金相图确定锻造、铸造温度

2. 在锻造、热轧工艺中的应用

在钢的热变形加工（如锻造、热轧）中，首先要把钢加热到单一的奥氏状态。这是因为奥氏

体的强度低,塑性好,易于锻轧。而且,此时钢的温度已远高于它的再结晶温度,一旦变形就可以迅速地发生再结晶,不容易出现加工硬化现象,这对于塑性变形加工是十分有利的。但是,如果加热温度过高,会出现晶粒粗大的现象,甚至发生局部熔化。在锻造过程中,钢件的温度会逐渐降低,塑性也逐渐下降,必须在奥氏体转变成其他组织之前停止锻造。锻造温度范围是始锻和终锻温度之间的一段温度间隔。钢的始锻温度常选择固相线以下 100～200℃ 温度范围,通常在 1 150～1 250℃,终锻温度在 750～850℃ 范围。

　　3.在钢的热处理中的应用

　　铁碳合金相图对钢的热处理有重要的指导意义,有关问题将在下一章讨论。

　　应用铁碳合金相图需要注意的是,铁碳合金相图是在平衡条件下制定的,只有在温度变化缓慢的条件下,才可以用来分析铁碳合金的组织变化。

　　严格地讲,铁碳合金相图只适用于仅含铁和碳两种元素的合金。但实际生产中应用的钢铁材料常常含有其他元素。当其他元素含量较高时,合金的组织将发生很大变化。在这种情况下,铁碳合金相图就不能再应用了,或仅有一定参考价值。

习　　题

一、简答题

1.比较铁碳合金的平衡组织,哪种塑性最好? 哪些硬而脆? 哪一种综合力学性能较好?

2.根据铁碳合金相图填写下表:

铁碳合金的含碳量/(%)	在下列温度的组织(可填组织的名称或代号)		
	0～720℃	800℃	1 000℃
0.2			
0.77			
1.5			
3.0			

3.试分析在平衡状态下含碳量对钢的组织和性能的影响规律。

4.一般所说的低碳钢、中碳钢、高碳钢的含碳量各在什么范围? 要制造下列产品,各选用哪一类钢? 为什么?

　　(1)冲压成型的电器外壳。

　　(2)轴、齿轮等机器零件。

　　(3)刀具、冷冲压模。

5.根据铁碳合金相图的知识解释下列现象:

　　(1)在进行锻造和热轧之前,先要将钢加热到 1 000～1 200℃。

　　(2)钢可以锻造加工,而白口铸铁却不可以。

　　(3)绑扎物体一般用铁丝($w_C \leqslant 0.2\%$ 的镀锌低碳钢丝),而起重机钢缆却是用 $w_C \geqslant 0.4\%$ 的钢丝制成的。

　　(4)在常温下,$w_C = 1.2\%$ 的钢的强度反而比 $w_C = 0.8\%$ 的钢低。

(5)用手锯锯 $w_C = 1.0\%$ 的钢,比锯 $w_C = 0.2\%$ 的钢要费力些,而且锯条容易磨钝。

二、单项选择题

1.钢的含碳量都小于( ),而铸铁的含碳量大于这个数值。

A. 0.0218%   B. 2.11%   C. 4.3%   D. 6.69%

2.在平衡状态下,下列含碳量的钢中,强度最高的是( )。

A. 0.2%   B. 0.45%   C. 0.90%   D. 1.3%

3.在平衡状态下,下列含碳量的钢中,塑性最好的是( )。

A. 0.2%   B. 0.45%   C. 0.90%   D. 1.3%

4.钢是( )的铁碳合金。

A. $w_C < 0.0218\%$ B. $0.0218\% \leqslant w_C \leqslant 2.11\%$

C. $w_C > 2.11\%$ D. $w_C > 4.3\%$

三、判断题

1.在平衡状态下,钢的含碳量越高,硬度就越高。

2.在平衡状态下,钢的含碳量越高,强度就越高。

3.捆绑物件应当用低碳钢丝,制造弹簧应当用含碳量较高的钢丝。

4.钢和白口铸铁都可以进行锻造加工。

模块 4　钢的热处理

❖学习目标：
(1)了解金属学相关基础知识；
(2)了解多晶体的概念、晶界对金属性能的影响。
❖学习重点：
(1)掌握三种常见金属晶体结构的类型；
(2)掌握晶体缺陷对金属性能的影响；
(3)掌握晶粒大小对性能的影响、细化晶粒的方法和细晶强化；
(4)掌握冷热加工、再结晶退火、去应力退火和加工硬化。

4.1　钢的热处理概述

热处理是对金属在固态下经过加热、保温、冷却，改变其内部组织结构，以获得所需性能的工艺方法。

热处理工艺过程可以用如图 4-1 所示的热处理工艺曲线来表示，它包含四个工艺参数——加热速度、加热温度、保温时间和冷却速度。改变上述参数，就可以获得不同的效果。

热处理是提高金属材料使用性能和改善工艺性能的一种重要加工工艺，在机械零件的制造过程中占有非常重要的地位，绝大多数机械零件都需要进行热处理。

热处理在机械零件的制造过程中所能起的作用，可以概括为以下三个方面：

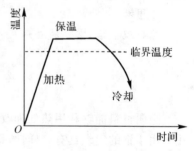

图 4-1　热处理工艺曲线

(1)在制造过程的前期，通过热处理改善材料或毛坯的工艺性能，使之易于加工成形(例如降低硬度，改善可切削性；提高塑性，改善可锻压性)。起这种作用的热处理工艺称为预备热处理。

(2)在制造过程后期，这时零件已经或接近成形，通过热处理赋予零件良好的使用性能(例如使刀具获得高硬度和耐磨性；使受力结构零件获得高强度)。起这种作用的热处理工艺称为最终热处理。

机械零件的质量好坏体现在两个方面：形状和尺寸的精度、使用性能的优劣。前者主要与加工成型方法有关，而后者主要靠热处理来保证。热处理可以挖掘材料的性能潜力，使零件获得良好的使用性能和较长的使用寿命，从而取得好的经济效益。例如，在生产中使用的各种模具,其制造成本一般都比较高,如果进行恰当的热处理,可以成倍地提高模具的使用寿命,从而获得可观的经济效益。

(3)有些热处理工艺可起到消除零件的内应力、稳定零件的组织和性能、稳定零件的形状和尺寸的作用,如用冷拉钢丝冷绕成型的弹簧的去应力退火、铸件退火等。

钢的组织具有多样性,通过适当的热处理可以不改变其化学成分即可使钢的组织发生变化,从而获得某种性能,来满足工程上的需求。

钢的热处理工艺方法有很多。根据工艺过程中的一些特点和作用,具体分类如图 4 - 2 所示。

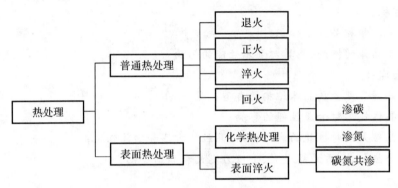

图 4 - 2 钢的热处理分类

普通热处理是常用的热处理方法,它可以改变零件从表面到心部的组织和性能,可以认为是对整体进行热处理。表面热处理只改变零件表层的组织和性能。要了解各种热处理工艺,必须了解钢在加热和冷却过程中的组织变化规律,即钢的热处理原理。

❖思考:
热处理前后,零件的外形尺寸和化学成分是否发生了变化?

4.2 钢的热处理原理

金属材料能够利用热处理改变性能的前提是,热处理过程中,材料内部发生组织结构的变化。由于钢的组织具有多样性,钢在加热和冷却时组织变化比较复杂,只有掌握了这些规律,才能实现对钢件进行恰当的热处理,使钢发生预期的组织转变,从而获得预期的性能。

4.2.1 钢在加热时的组织转变

由 $Fe - Fe_3C$ 相图可知,钢在加热或冷却过程中都会在经过 PSK,GS 和 ES 线时发生组织变化。加热过程中,PSK 线是 P→A 的临界温度线,又称为 A_1 线;GS 线是亚共析钢中获得单一 A 组织的临界温度线,又称 A_3 线;ES 线是过共析钢完全奥氏体化的临界温度线,又称 A_{cm} 线。

一般情况下,钢在进行某些热处理时,首先要把钢加热到奥氏体状态,这个过程称为钢的奥氏体化。钢的加热过程是一个 A 组织形成和长大的过程。

1.奥氏体的形成

(1)共析钢的奥氏体化。从铁碳合金相图可以看出,共析钢的常温组织是 P,加热到 A_1 临界点以上将全部转变成 A。经研究发现,P 向 A 的转变过程包括以下几个阶段,具体如图 4 - 3 所示:当加热到临界点 A_1 以上时,首先在层片状的 F 与 Fe_3C 的界面上 F 生成 A 晶核,随着保温时间延长,A 晶核逐渐长大,Fe_3C 逐渐溶入 A ,最终形成化学成分均匀的奥氏体。

(2)亚共析钢的奥氏体化。亚共析钢在 A_1 以下温度的组织是 P+F,加热到 A_1 以上时,P 转变为 A;在 A_1 至 A_3 的升温过程中,F 逐渐转变为 A。加热到 A_3 以上时,亚共析钢才完全奥氏体化。

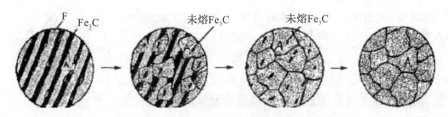

图 4 - 3 共析钢的奥氏体化过程

(a)A 形核;(b)A 长大;(c)残余渗碳体溶解;(d) A 均匀化

(3)过共析钢的奥氏体化。过共析钢在 A_1 以下的组织是 P 和 Fe_3C。加热到 A_1 以上,P 转变为 A;在 A_1 到 A_{cm} 的升温过程中,Fe_3C 逐渐溶入 A;加热到 A_{cm} 以上才能完全奥氏体化。在实际热处理过程中,对过共析钢进行淬火和退火时,一般只加热到比 A_1 稍高的温度,不宜完全奥氏体化,否则 A 晶粒粗大对力学性能造成不良影响。

2.奥氏体晶粒长大

钢经过加热实现奥氏体化以后,如果继续升高温度和延长时间,奥氏体晶粒会长大,A 晶粒大小将直接影响冷却后钢的组织和性能。一般情况下,A 晶粒小,冷却后的组织晶粒小,强度高,塑性和韧性也好;若 A 晶粒粗大,粗大的奥氏体晶粒在冷却时,无论冷却速度快或慢,都将转变成粗大的组织,这将给钢的力学性能带来不利的影响,特别是冲击韧性会更差。因此,在对钢进行加热时应当控制好温度,避免出现粗大的 A 晶粒。

加热温度确定后,加热速度越快,A 晶粒越细小,因此实际生产中进行热处理时,常用快速加热和短时保温的方法来获得细小晶粒。

此外,不同的合金元素对 A 晶粒大小影响不同:Cr,W,Mo,V,Ti,Nb 和 Al 等元素不同程度阻碍 A 晶粒长大,Ni,Si,Cu 对此无太大影响,而 Mn 和 P 元素会促使 A 晶粒长大。因此在钢中有较多 Mn,P 元素时,加热温度不宜过高,保温时间也不宜过长。

4.2.2 钢在冷却时的组织转变

热处理时,加热到 A 状态的钢保温后,在不同的冷却条件下,具有不同的冷却速度。冷却后,A 将转变成不同组织,获得的性能也会有明显的差异。

表 4 - 1 为 45 钢用不同冷却条件冷却后得到的力学性能。由表 4 - 1 可见,在水中冷却的速度最快,强度和硬度都最高;在炉中冷却的速度最慢,硬度和强度最低。

表 4-1 45钢经840℃加热后,不同冷却条件冷却后的力学性能

冷却方法	σ_b/MPa	σ_s/MPa	$\delta_5/(\%)$	$\psi/(\%)$	硬度/HRC
随炉冷却	530	280	32.5	49.3	15~18
空气冷却	670~720	340	15~18	45~50	18~24
油中冷却	900	620	18~20	48	45~60
水中冷却	1 100	720	7~8	12~14	52~60

1.冷却方式

在实际生产中采用的冷却方式有等温冷却与连续冷却两种,如图4-4所示。等温冷却是将奥氏体化的钢快速冷却到 A_1 临界点以下的某一温度并保持恒温,使奥氏体在该温度下发生组织转变后,再冷却到室温。连续冷却是将奥氏体化后的钢以一定的冷却速度连续冷却到室温,奥氏体在连续冷却过程中完成组织转变。

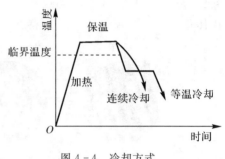

图 4-4 冷却方式

2.过冷奥氏体等温冷却转变曲线

由于奥氏体是一种高温组织,只有在 A_1 以上的温度才能稳定存在。如果缓慢冷却,奥氏体在 A_1 温度将转变成珠光体组织。但在实际热处理生产中,冷却速度通常比较快,奥氏体冷却转变后的组织和性能就存在很大的差异性。

在冷却速度较快的情况下,奥氏体冷却到 A_1 以下还能暂时存在,但它是不稳定的,经过一定时间才会转变为其他的某种组织。这种被冷却到 A_1 以下,尚未转变而暂时存在的奥氏体称为过冷奥氏体。

过冷奥氏体在冷却后转变成什么组织,可以借助钢的过冷奥氏体等温转变曲线图或连续转变曲线图。

现在以图4-5为例说明等温转变曲线图的建立。先将共析钢制成若干个尺寸相同的试样,加热到 A_1 临界温度以上保温使之奥氏体化;然后将试样分别放入低于 A_1 的不同温度的恒温盐浴炉中,观测各试样的相变时间,将结果标注在时间-温度坐标系中;分别连接相变转变开始点和相变转变结束点,即可得到两条"C"字形的相变转变开始和相变转变终了曲线(见图4-5(a));同时可以发现在不同温度区间进行等温冷却时,其转变产物有所不同,因此将转变产物区间对应的温度区间位置标出不同转变产物名称,就得到了过冷奥氏体等温转变曲线图,也称为C曲线(见图4-5(b))。

在转变开始线以左,钢的组织是未转变的过冷奥氏体;在终了线以右,钢的组织是各种转变产物;两条C形曲线之间,钢的组织正处于转变过程中,此时过冷奥氏体与转变产物同时存在,为过渡区。图的下方有两条水平线 M_s 和 M_f,分别代表过冷奥氏体向马氏体转变的开始和终了温度。

共析钢的过冷奥氏体等温转变图表达了共析钢在不同温度等温冷却时,转变温度、时间及转变产物之间的关系。无论在哪个温度进行等温冷却,都要经历一段时间组织转变才会开始,这段时间称为孕育期。C曲线向左突出的部分称为"鼻子",温度范围为 $500\sim600℃$,若在此处等温冷却孕育期最短,表明过冷奥氏体最不稳定,极易发生转变。

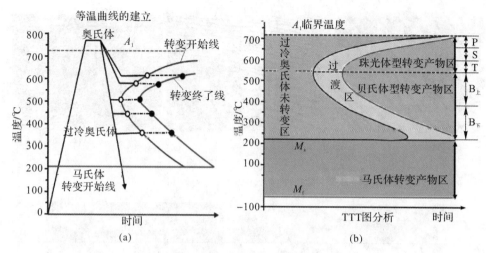

图 4-5　共析钢等温转变曲线图

(a)共析钢等温转变曲线的建立；(b)等温转变曲线图

3.共析钢等温转变组织

共析钢奥氏体化后过冷到不同的温度区间进行等温冷却转变,转变产物有三种类型——珠光体型、贝氏体型和马氏体型。

(1)高温珠光体型转变。高温转变发生于 550℃~A_1,将发生共析转变,转变产物为珠光体型组织。珠光体型组织由片层状的 F+Fe_3C 组成。等温转变温度不同时,珠光体型组织的层片间距不同,层片间距由大到小分别称为珠光体、索氏体、托氏体,见表 4-2。

在温度区间 650℃~A_1 等温转变时,转变组织为珠光体,层片间距最大;在 600~650℃ 等温转变时,层片间距稍小,称为索氏体,用符号 S 表示;在 550~600℃ 等温转变时,层片间距最小,这种组织称为托氏体,用符号 T 表示。由表 4-2 可见,转变温度越低,层片间距越小,组织越细,材料强度、硬度越高,由于渗碳体变薄,使得塑性也有改善。

表 4-2　珠光体型组织转变温度与性能

珠光体组织	转变温度/℃	层片间距/nm	硬度/HRC	σ_b/MPa	ψ/(%)
珠光体(P)	650~A_1	250~1 900	5~20	980	24
索氏体(S)	600~650	80~250	22~35	1 130	35
托氏体(T)	550~600	30~80	35~42	1 300	43

图 4-6 所示为三种珠光体型显微组织照片,层片间距从大到小分别为珠光体、索氏体和托氏体。

(2)中温贝氏体型转变。中温转变发生于 M_s~550℃(M_s 约为 230℃),转变生成的产物是贝氏体组织。由于转变温度低,贝氏体转变时铁原子不发生扩散,只有碳原子的扩散,组织由碳化物和碳饱和的铁素体组成。图 4-7 所示为贝氏体型组织照片,不同温度范围转变时,贝氏体组织形态差异比较大,图 4-7(a)为上贝氏体,图 4-7(b)为下贝氏体。

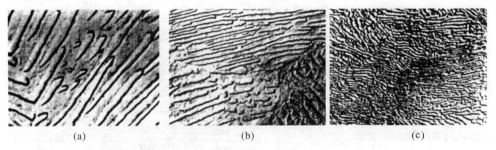

图 4-6　珠光体型组织

(a)珠光体 P 3800×;(b)索氏体 S 8000×;(c)托氏体 T 8000×

图 4-7　贝氏体型组织

(a)上贝氏体;(b)下贝氏体

在 350~550℃ 范围等温时,将生成羽毛状的上贝氏体组织(见图 4-7(a)),用符号 $B_上$ 表示。上贝氏体组织中的铁素体呈板条状,其间断续分布着粗大的颗粒或片状碳化物。上贝氏体硬度比珠光体组织高,但塑性、韧性较低,脆性大,无实用价值,在热处理过程中应注意防止生成上贝氏体。

在 M_s~350℃ 范围等温时,将生成黑色针状的下贝氏体(见图 4-7(b)),用符号 $B_下$ 表示。下贝氏体组织中,针叶状的铁素体片细小无方向性,细小的碳化物分布较均匀。下贝氏体的强度、硬度较高,而且韧性也比较好。因此在生产中,有时候通过等温冷却得到下贝氏体来使钢件强化。

(3)低温马氏体型转变。将奥氏体化的钢快速冷却到 M_s 以下温度时,过冷奥氏体将变成马氏体。奥氏体是面心立方晶格,冷却至 M_s 以下温度后要向体心立方晶格(α-Fe)转变。当冷速过快时,原奥氏体中固溶的较多的碳原子来不及扩散析出,使得 α-Fe 中碳过于饱和,晶格发生畸变,形成很强的固溶强化。马氏体就是碳在 α-Fe 中的过饱和固溶体,用符号 M 表示。

马氏体的形态有两种——板条状的低碳马氏体和针状的高碳马氏体(见图 4-8)。前者的强度、硬度较高,并具有一定的韧性;后者的强度、硬度很高,但韧性较低。钢的含碳量小于 0.2%,快冷时主要生成低碳马氏体;含碳量大于 1%,快冷时主要生成高碳马氏体;含碳量在 0.2%~1%,快冷时生成两种马氏体,只是随着含碳量变化,二者的相对数量有所变化。

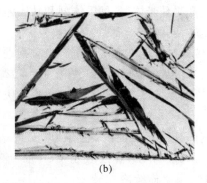

图 4-8 马氏体型组织

(a)低碳马氏体;(b)高碳马氏体

图 4-9 所示为马氏体的强度、硬度与含碳量的关系。随着含碳量增加,高碳马氏体数量增多,由此强度和硬度上升,但当含碳量达到 0.6% 以上,强度和硬度的提高就不明显了。

马氏体转变具有以下特点:

1)马氏体转变需要快速冷却,冷却曲线应绕过 C 曲线的"鼻尖"。

2)马氏体转变具有不完全性。即使冷却到 M_f 温度,过冷奥氏体也不可能全部转变成马氏体。钢在马氏体转

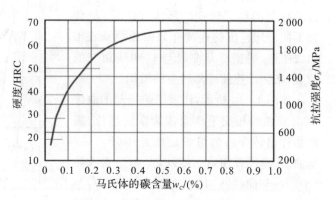

图 4-9 马氏体的强度和硬度

变后残存的奥氏体称为残余奥氏体,用 A′表示。残余奥氏体的存在降低了钢的强度、硬度和耐磨性。并且 A′不太稳定,在一定条件下会转变成其他组织,从而引起钢件尺寸发生微量变化。对于一般的中、低碳钢件,淬火后可以忽略残余奥氏体的影响。但是对于某些要求耐磨性很高的高碳合金钢精密刀具、模具和零件来说,需要采用淬火冷却至室温,随后放置于 M_f 温度下促使 M 转化来尽可能地减少残余奥氏体量,这种处理称为深冷处理。

3)马氏体转变时会产生很大的内应力。马氏体转变是在急速冷却中进行的,因此会在钢件中造成巨大的内应力,可能导致钢件变形甚至开裂。因此,钢件在淬火之后必须进行回火,以消除有害的内应力。

(4)关于 C 曲线的小结。钢的 C 曲线反映了奥氏体化的钢在等温冷却时组织发生转变的规律,在热处理生产中有很重要的应用价值。每一种钢都有其独特的 C 曲线,人们已经把各种钢的 C 曲线汇集成手册出版,以方便应用。

在实际热处理生产中,C 曲线是制定热处理工艺的依据。例如,要想使共析钢得到下贝氏体组织,从而获得较高的强度和硬度,根据图 4-5,可以把共析钢奥氏体化以后在 300℃ 等温冷却,在此温度下贝氏体转变完成大约需要 5 000 s,据此将等温时间定为 1.5 h。有两个问题需要说明,具体如下:

1)各种等温转变组织的转变温度范围并无明确的界限,例如在 350℃ 等温,转变产物中可能既有上贝氏体,又有下贝氏体。

2)转变产物珠光体型、贝氏体型和马氏体型组织形成以后,在向室温继续冷却的过程中,不会再发生转变。

(5)连续冷却转变。在实际生产中对钢进行热处理时,冷却过程大多采用连续冷却。钢件经加热以后,可以选择随炉冷却、在空气中冷却、在油中冷却、在水中冷却等。上述几种冷却方法中,以炉冷的冷速最慢,空冷次之,水冷最快。冷却速度不同,过冷奥氏体转变得到的产物组织也不同。

共析钢的连续转变曲线(也称为 CCT 曲线)如图 4-10 所示,虚线表示 CCT 曲线,与 C 曲线相比连续冷却转变时无贝氏体组织转变。一般 CCT 曲线测试更为复杂,目前生产上常用 C 曲线来近似地判断连续冷却的组织转变。具体方法是:把代表不同冷却速度的连续冷却曲线描画在 C 曲线图中,根据冷却曲线与 C 曲线相交的位置,来估计连续冷却转变的组织。

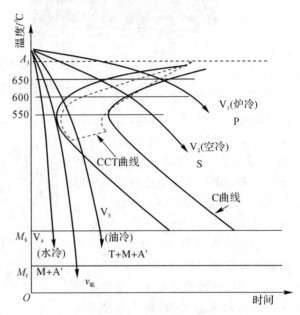

图 4-10 用 C 曲线估计连续冷却转变产物

如图 4-10 所示,代表随炉冷却的曲线 V_1 与 C 曲线相交于珠光体转变的部位,据此估计出转变后的组织是珠光体(P)。冷却曲线 V_2 代表在空中冷却,产物是索氏体(S)。冷却曲线 V_3 代表在油中冷却,V_3 与转变开始 C 曲线相交于托氏体转变的部位,表明有一部分过冷奥氏体转变成托氏体(T),但 V_3 未与转变终了 C 曲线相交,表明过冷奥氏体并未全部转变成托氏体,剩余的这部分过冷奥氏体冷却到 M_s 以下的温度将转变成马氏体(M),所以在油冷条件下得到托氏体和马氏体(T+M)两种组织。曲线 V_4 代表在水中冷却,冷却速度很快。V_4 没有和 C 曲线相交,表明过冷奥氏体没有转变成珠光体型和贝氏体型组织,而是直接冷却到 M_s 以下的温度转变成马氏体。

要使过冷奥氏体不发生珠光体和贝氏体转变,只发生马氏体转变,必须有足够快的冷却速度。形象地讲,就是冷却曲线要"躲过 C 曲线的'鼻子'"。若冷却曲线与 C 曲线的"鼻子"相切,代表保证过冷奥氏体只发生马氏体转变的最小冷却速度,称为淬火临界冷却速度 $v_临$。

4.3　钢的普通热处理工艺

根据钢的热处理原理,可以采用不同的方式对钢件进行热处理,使钢件中的组织发生预期转变,从而获得所需要的性能。钢的普通热处理是常用的热处理工艺,包括退火、正火、淬火和回火。

4.3.1　退火

退火是将钢件加热到适当温度,保温一定时间,然后缓慢冷却的热处理工艺。一般在零件制造过程中,退火作为预备热处理,安排在铸锻焊之后,粗加工前,用来降低零件硬度、消除内应力或某些缺陷,为后续工序做好组织准备。

1.退火的目的

退火工艺有多种,不同的退火工艺所起的作用也不尽相同,概括起来大体有如下几类:

(1)降低钢件的硬度,便于切削加工;改善钢件的塑性,便于变形加工。

(2)消除钢件中的残余内应力,防止变形和开裂。

(3)细化晶粒,改善组织,并为最终热处理做好组织准备。

2.退火的类型及应用

(1)完全退火。完全退火是将钢完全奥氏体化以后,缓慢地冷却,获得接近于平衡状态组织的退火工艺。

完全退火的加热温度是 A_3+(30~50)℃,保温之后,随炉缓慢冷却。炉冷完全退火是一种很费时间的工艺,为了缩短退火时间,可以在炉温降至 500℃ 时将钢件取出在空气中冷却;还可以采用等温退火工艺:工件完全奥氏体化后,采用等温冷却,等温的温度选择在珠光体转变温度范围,使奥氏体转变为珠光体组织后在空气中冷却。

完全退火通常用于中碳钢铸件、锻件、焊件,作用是使热加工过程中产生的粗大晶粒细化;消除某些不良组织;降低钢的硬度,便于切削加工。

(2)球化退火。球化退火主要用于共析钢和过共析钢。将钢加热到 A_1+(30~50)℃ 保温一定时间,然后在略低于 A_1 的温度保温,使原来珠光体中的层片状渗碳体变成粒状,得到球化体组织。球化体是一种在铁素体基体上均匀地分布着粒状渗碳体的混合物组织,如图 4-11 所示。

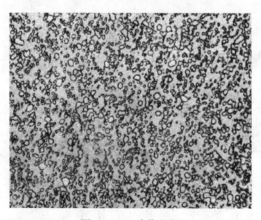

图 4-11 球化组织

共析钢和过共析钢都是高碳钢,平衡状态的组织主要是层片状的珠光体,硬度为 250~320HBW,而且塑性较低,不利于切削加工和冷变形加工。经过球化退火得到球化体组织后,硬度降到 200HBW 左右,塑性提高,使钢的可切削性和冷变形性得到改善。球化退火还有一个重要的作用是为淬火热处理做好组织准备。共析钢和过共析钢在淬火之前都应当是经过球化退火的。

(3)去应力退火。铸件、锻件、焊件中如果存在着内应力,在后续的切削加工或使用过程中将出现变形或产生裂纹。去应力退火是将钢件随炉缓慢加热到 A_1 以下某一温度(500~

650℃),经一定时间保温后,随炉缓慢冷却至 300～200℃出炉空冷,其作用就是消除上述产品中的内应力。在去应力退火过程中,钢件的组织不发生变化,内应力主要是在保温和缓冷过程中消除的。

(4)均匀化退火(扩散退火)。均匀化退火是将铸锭、铸件或锻坯加热到高温(钢熔点以下 100～200℃),并长时间保温(10～15 h),然后缓慢冷却,以达到化学成分和组织均匀化的退火工艺。一般碳钢的加热温度为 1 100～1 200℃,合金钢为 1 200～1 300℃。均匀化退火由于加热温度高,保温时间长,钢的晶粒过分粗大,为改善钢的性能,退火后还要进行完全退火或正火来细化晶粒。均匀化退火由于退火时间长,耗能大,成本高,一般钢件很少采用,主要用于重要的质量要求高的合金钢锻铸件,消除化学成分偏析和组织的不均匀性。

(5)再结晶退火。再结晶退火适用于经冷变形加工的金属半成品件,作用是消除加工硬化效应,以利于进一步变形加工。对于钢件,再结晶退火的温度是 680～720℃,再结晶软化是在保温过程中发生的,与冷却无关,所以再结晶退火可以采用空冷,以缩短工艺周期。

图 4-12 是部分退火工艺加热温度和热处理工艺曲线示意图。

4.3.2 正火

正火是将钢件加热到 A_3(或 A_{cm})以上 30～80℃,保温至完全奥氏体化以后,在空气中冷却的热处理工艺。

正火可以细化晶粒,提高强度和硬度,改善某些不良组织等。与退火相比,正火操作简便,冷却速度较快,生产周期短。同一种钢,正火后的强度、硬度比退火后的要高一些,塑性则要低一些,表 4-3 所列数据能够说明这种情况。

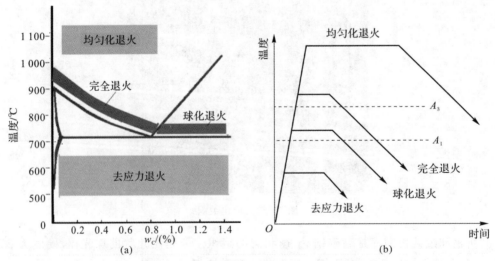

图 4-12 退火工艺加热温度范围及工艺曲线示意图
(a)退火工艺加热温度范围;(b)退火工艺曲线

表 4－3　20 钢退火与正火的力学性能比较

热处理方法	σ_b/MPa	ψ/（%）	硬度/HBW
退　火	429	62	113
正　火	508	55	133

正火可以用于不同的钢件,所起的作用也有所不同,具体如下:

（1）作为预备热处理,改善中、低碳钢的切削加工性。含碳量小于 0.25% 的低碳钢件,在完全退火以后,塑性很高,在切削加工时容易出现“黏刀”现象,加工出的表面比较粗糙,采用正火可以提高硬度。所以低碳钢件一般是以正火而不是完全退火作为切削加工之前的预备热处理。应当说明的是,如果是为了改善低碳钢件的冷变形性能（塑性）,则还是采用完全退火为好。

（2）消除过共析钢中的网状渗碳体,为球化退火做好组织准备。当过共析钢件中存在网状渗碳体的时候,直接进行球化退火效果是不理想的。这时应当先正火,由于冷速较快,渗碳体来不及析出形成网状,然后再球化退火,就可以使渗碳体充分球化,得到较为理想的球化体组织。

（3）用于某些中碳钢,作为最终热处理。用中碳钢制造的零件,为了获得良好的综合力学性能,通常是采用调质（淬火并高温回火）作为最终热处理。如果对这些钢件的性能要求不是很高,就可以用正火代替调质,这样可以简化热处理工艺,降低生产成本。

4.3.3　淬火

1.淬火的目的

淬火是将钢件加热至 A_3（或 A_1）以上 30～50℃,保温,快速冷却（一般水冷或油冷）,以获得马氏体的热处理工艺。淬火是比较重要的热处理工艺。

淬火的目的是获得马氏体,从而提高钢件的强度和硬度。淬火是使钢件强化的重要的工艺方法之一。但是必须注意的是,淬火后的零件必须与回火工艺相配合,才能获得较为理想的力学性能。

2.淬火加热温度的选择

为了使淬火后的马氏体组织细小均匀,首先要在淬火加热时得到细而均匀的 A,因此,加热温度不宜过高,一般取临界温度以上 30～50℃。

亚共析钢取 A_3 以上 30～50℃,淬火加热温度使钢实现完全奥氏体化,组织全部是细小的 A 晶粒,淬火冷却后获得细小的 M 组织。加热温度若在 A_1～A_3 之间,此时组织为 F＋A,淬火冷却后得到 F＋M,F 的存在会大大降低淬火对钢的强化效果。加热温度若超过 A_3 太多,将使 A 晶粒粗化,淬冷后得到粗大的 M,钢件的性能也不好。

共析钢和过共析钢的淬火加热温度取 A_1 以上 30～50℃,淬火前的组织应当是球化的组织（细晶粒的 A 和粒状 Fe_3C）,淬火冷却后才能得到细小的 M 和粒状 Fe_3C,从而获得高的硬度和耐磨性。若加热到 A_{cm} 以上,Fe_3C 将完全溶入 A,淬火前的组织全部是粗晶粒的 A,淬冷后得到的 M 组织过于粗大,对钢件的硬度、强度产生不利影响,冲击韧性也比较低。

每种钢都有特定的合理的淬火加热温度,在实际热处理生产中,可以在《热处理手册》中查到具体钢种的淬火加热温度以及其他相关数据。

3. 淬火冷却速度及方法

淬火冷却速度是影响淬火效果的关键因素。

(1) 理想的淬火冷却速度。淬火的冷却速度必须大于淬火临界冷却速度(v_K),才能保证奥氏体直接冷却到 M_s 以下转变成马氏体。但是冷却速度并非越快越好,因为冷速太快会在钢件中产生很大的内应力,造成钢件变形甚至开裂。所以理想的淬冷速度是在保证马氏体转变的前提下尽可能慢一些,如图 4-13 所示,在高温区(650℃以上)可以慢一些;在中温区(650~500℃)必须快冷,使冷却曲线躲过 C 曲线的"鼻子",避免生成珠光体型组织;在低温区(400℃以下),冷却又可以慢一些。

(2) 淬火冷却介质。淬火冷却速度快慢取决于所采用的冷却介质。常用的冷却介质有水、盐(NaCl)或碱(NaOH)的水溶液、机油、空气等。将上述介质的冷却速度加以比较,大体上是:

$$v_{盐水}(或\ v_{碱水}) > v_水 > v_油 > v_{空气}$$

通常非合金钢选用水、盐水冷却,合金钢可选用油冷却。

还有另一类淬火冷却介质——熔融的硝盐或碱,称为盐浴或碱浴,可用来作为等温冷却的介质。

要找到一种完全符合理想淬火冷却速度的冷却介质还比较困难,在实际生产中可以采取一些合理的淬火方法来弥补淬火介质的不足,以减小淬火内应力。

(3) 淬火冷却方法。图 4-14 是几种常用的淬火冷却方法示意图。

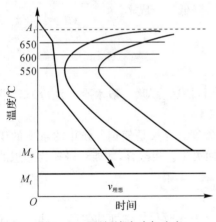

图 4-13 理想淬火冷却速度

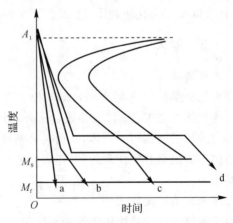

图 4-14 常用淬火冷却方法

a—单液淬火;b—双液淬火;c—马氏体分级淬火;
d—贝氏体等温淬火

1) 单液淬火是将已奥氏体化的钢在一种冷却介质进行淬火的方法。冷却介质如盐水(或碱水)、水和油。单液淬火的优点是操作简便,因而应用最普遍。但用盐水或水冷却时,由于冷速快,有时容易使钢件变形和开裂。单液淬火适用于形状简单的钢件,一般碳钢采用水淬,合金钢用油淬。

2) 双液淬火是先将钢件放入水(或盐水)中冷却,以较快的冷速躲过 C 曲线的"鼻子",然后迅速转移到油中冷却,使钢件在较慢的冷速下发生马氏体转变,从而减小内应力,降低变形和开裂的可能性。此法的缺点是不容易掌握由水向油中转移的时机。双液淬火一般用于中等复杂的高碳钢和大尺寸合金钢。

3)马氏体分级淬火是将奥氏体化的钢件放入温度稍高于 M_s 的盐浴或碱浴中作短暂的等温,使钢件各部分的温度达到一致后,再转入空气中冷却生成马氏体。这种淬冷方法可以显著地减小淬火内应力,有效地防止变形和开裂,而且操作难度也不大,但需要一个等温盐浴炉,这会增加生产成本。马氏体分级淬火主要用于某些用合金钢制造的形状复杂、精度要求又比较高的钢件,如精密的模具、刀具等。

4)贝氏体等温淬火是将钢件放入贝氏体转变温度范围(260～400℃)的盐浴或碱浴中,等温足够长的时间,使过冷奥氏体转变为下贝氏体。

4. 钢的淬硬性与淬透性

(1)钢的淬硬性。钢的淬硬性是指钢经过淬火获得的马氏体组织所能达到的最高硬度。钢的淬硬性高低主要取决于钢的含碳量,合金元素对淬硬性的影响不大。钢的含碳量越高,淬硬性越高,但含碳量大于 0.6% 的钢,淬硬性差异不大,如图 4-15 所示。

(2)钢的淬透性。

1)钢的淬透性概念。钢的淬透性是指钢在规定淬火条件下淬火时,获得马氏体淬硬层深度的能力。一般规定,由钢的表

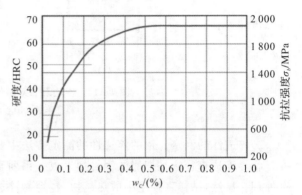

图 4-15　含碳量对钢的淬硬性的影响

面至内部马氏体组织占 50% 处的距离作为淬硬层深度。淬硬层深度越大,则钢的淬透性越好。

工件在淬火冷却时,整个截面上的冷却速度是有差异的,表层散热最快,心部散热最慢,因此表层的冷速($v_表$)大于心部中心层的冷速($v_心$)。临界冷却速度 $v_临$ 表示获得马氏体的最低冷却速度。当 $v_表 > v_临$ 表层获得马氏体组织时,心部冷速可能有图 4-16 所示的几种结果:图 4-16(a)为 $v_心 > v_临$,因此心部也能得到马氏体,工件可被淬透;当 $v_心 < v_临$ 时,观察 $v_心$ 与 C 曲线相交的位置可知,图 4-16(b)的心部组织有一部分为马氏体,图 4-16(c)的心部全部是珠光体型组织,没有发生马氏体转变。

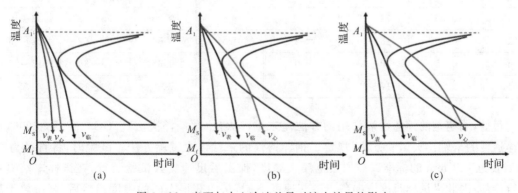

图 4-16　表面与中心冷速差异对淬火效果的影响
(a)$v_心 > v_临$,心部淬透全 M;(b) $v_心 < v_临$,心部有部分 M;(c)$v_心 < v_临$,心部没有 M

淬透性是钢的主要热处理之一，是选材和制定热处理工艺的一种重要依据。

淬透性对钢热处理后的性能影响很大。整个钢件若淬透，经过回火后，其组织和力学性能沿截面是均匀一致的，如图 4-17(a)所示。心部未淬透的钢件，经过回火后，心部的强度、硬度和冲击韧性都有所下降，特别是冲击韧性显著降低，如图 4-17(b)所示。

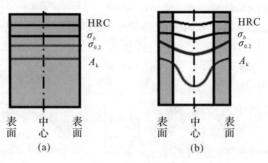

图 4-17　淬透与否对钢件力学性能的影响

(a)已淬透；(b)心部未淬透

2)淬透性的测定。钢的淬透性的测定方法主要有临界淬透直径法和端淬法。

临界淬透直径法是把测试钢材加工成一系列直径大小不等的圆柱形试样，并分别进行淬火处理。显然，试样直径越小散热越快，越容易淬透。将钢在某种淬火介质中，能够被淬透（半马氏体）的最大直径称为这种钢的临界淬透直径，用 D_c 表示。在规定的淬冷条件下，钢的 D_c 越大，表明其淬透性越好。

表 4-4 列出了一些常用钢的临界淬透直径。D_c 与淬火介质有关，同一种钢，$D_{c水} > D_{c油}$，这是因为水的冷却能力比油高。例如，20 钢，$D_{c水}=9\,mm$，$D_{c油}=4\,mm$。从表 4-4 中还可看出，相同含碳量的合金钢比碳钢的淬透性要好。

表 4-4　钢的临界淬透直径

钢号	含碳量/(%)	$D_{c水}$/mm	$D_{c油}$/mm	钢号	含碳量/(%)	$D_{c水}$/mm	$D_{c油}$/mm
20	0.20	6～9	2.5～4	20Cr	0.20	20～26	10～13
30	0.3	7～12	3～7	30CrMnSi	0.30	40～45	32～40
40	0.40	12～15	5～9	40Cr	0.40	30～40	15～20
45	0.45	13～17	5.5～9.5	50CrV	0.50	55～62	32～40
50	0.50	15～20	7～11	60SiMn	0.60	55～62	32～46
60	0.65	20～25	9～15	65Mn	0.65	25～30	17～25
T8	0.80	17～22		T10	1.0	10～15	<8

目前，测定钢的淬透性最常用的方法是末端淬火法(顶端淬火法)。GB/T 225—2006《钢淬透性的末端淬火试验方法》规定了钢淬透性的末端淬火试验方法。试验时，将直径为 25 mm，长为 100 mm 的标准试样加热至淬火温度，保温后迅速放入试验装置，在试样末端喷水进行冷却，因此沿试样长度方向各点冷却速度不同，从而获得不同的硬度。然后，测量位于离淬火水冷端不同规定距离上的多个点的硬度值。显然，离水冷端越近的测试点，其硬度越高。

3)淬透性的实际应用。钢的淬透性是零件设计时合理选材及正确制定热处理工艺的依据之一。如果钢件淬透了，其表里性能就均匀一致，钢的力学性能潜力得到充分的发挥；如果没有淬透，心部性能就要差一些。但并非所有的钢件在淬火时都要求淬透，应当根据实际情况来对待钢的淬透性问题。

a. 受力大的重要结构零件（如飞机上的翼梁、螺栓，汽车发动机连杆、转向机构零件等），要求截面力学性能均匀，应选用淬透性高的钢。

b. 受弯曲、扭转的零件，截面上的应力，表层应力大于心部，可选用淬透性低一些的钢。受拉伸和剪切的零件，表面和心部所受的载荷是同等大小的，应选用淬透性高的钢。

c. 某些受磨损的零件（如冷冲压模等），主要是要求表面有高的硬度和耐磨性。对心部性能没有很高的要求，不必选用淬透性很高的钢。

d. 形状复杂的钢件淬火时易变形；高精度零件要求严格控制淬火变形量，这些零件应选用淬透性高的合金钢来制造，以便采用油冷、盐浴等温冷却。这些冷却方式的冷速较为缓和，可以减小淬火内应力，防止变形与开裂。

e. 碳钢的淬透性较低，淬火时一般采用盐水、水等冷却介质，冷速快，内应力大，变形和开裂的可能性大。因此碳钢一般适宜制造截面尺寸小、形状简单的零件，这是因为尺寸小容易淬透，形状简单则变形开裂的可能性就要小一些。

f. 淬透性高的钢在焊接时焊缝处容易出现变形和开裂，所以焊接件应尽可能选用淬透性低的钢。

5. 钢淬火时的缺陷

钢件在热处理时会出现一些缺陷，如过热、淬不硬、氧化脱碳、变形和开裂等，其中淬火变形与开裂是淬火中较为严重的缺陷。

（1）加热时的缺陷有氧化、脱碳、过热和过烧等。

1）氧化是在空气中或含有氧化性气体中加热时，当加热温度高于 560℃时，钢件表面生成以 FeO 为主的疏松的氧化物层的现象。氧化将使零件尺寸变小，加大了钢件的烧损。

2）脱碳是钢在加热时，碳向加热介质中扩散，使钢表面碳含量降低的现象。脱碳会使钢的强度、硬度降低。

3）过热是加热温度偏高或保温时间过长，使得奥氏体晶粒过于粗大的现象。过热会使钢的力学性能降低。

4）过烧是加热温度太高以至于晶界发生熔化的现象，过烧的工件只能报废。

（2）淬火时的缺陷有硬度不足、硬度不均匀、淬火变形和开裂等。

1）硬度不足的原因很多，主要有加热时温度偏低、表面脱碳、冷却速度不够和钢的淬透性低等。

2）硬度不均匀表现在钢件表面硬度有明显的忽高忽低的现象，一般是由原始组织粗大且不均匀或者冷却不均匀造成的。

3）淬火时的变形和开裂是淬火中常出现的工艺缺陷，是由淬火内应力引起的。淬火内应力来源于组织应力和热应力。

组织应力是奥氏体组织向马氏体转变过程中的体积膨胀不均匀产生的内应力。当奥氏体晶粒粗大，组织不均匀时，这种组织应力就比较明显。

热应力是淬火冷却时，钢件表面和心部温差引起的冷却时收缩不一致造成的内应力。零件具有复杂、不对称、尖角过多、厚薄不均的外形以及淬火时的冷却速度过大、淬火操作不当、材料淬透性差等都会引起工件的变形与开裂。合理地进行零件结构设计、选择合理的淬火方式、制定合理的淬火工艺、淬火后及时进行回火或时效处理都是减少淬火变形与开裂的有效手段。

4.3.4 回火

钢经过淬火以后,强度和硬度得到大幅度提高,但塑性和韧性往往明显降低。淬火后钢件中还存在巨大的内应力,若不及时消除,可能引起钢件变形和开裂。淬火在钢件中产生的马氏体和残余奥氏体组织不是十分稳定,在一定条件下会发生变化,这都会引起钢件的性能和尺寸发生变化。所以,钢件在淬火后必须及时进行回火,以消除淬火时产生的负面效应,使钢件获得较为理想的使用性能。图 4-18 所示为淬火+回火的工艺曲线。

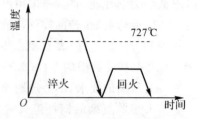

图 4-18 淬火+回火工艺曲线

所谓回火,是指将经过淬火的钢件再加热到 A_1 以下某一温度,保温一定时间,然后冷却到室温的热处理工艺。回火应当紧接着淬火进行。

1. 回火的作用

回火的作用如下:

(1)改善淬火钢件的塑性和韧性,调整力学性能,以满足对使用性能的要求。

(2)降低或消除淬火钢件的内应力,以防止变形和开裂。

(3)促使马氏体和残余奥氏体转变成其他的稳定组织,从而使钢件的性能、尺寸和形状在使用过程中不再发生变化。

2. 淬火钢在回火时的性能变化

淬火钢中的马氏体和残余奥氏体都是不稳定的组织,它们有向稳定组织转变的倾向,回火可促使这种转变进行。回火时的组织转变是比较复杂的,而且不易分辨,这里不作介绍,而是将重点放在回火时性能的变化上。

图 4-19 所示为含碳量不同的钢淬火后经过不同温度回火时的硬度关系图。从图 4-19 中可以看出,随着回火温度的提高,钢的硬度下降;含碳量越高,钢回火后的硬度越大。

图 4-20 所示为含碳量为 0.4% 的淬火钢在回火时,力学性能与回火温度的关系。由图 4-20可以看出,当回火温度在 200℃ 以下时,钢件的强度和硬度保持淬火时获得的较高水平;当回火温度超过 200℃ 以后,强度和硬度随回火温度升高而明显降低。钢的塑性随着回火温度升高而上升。

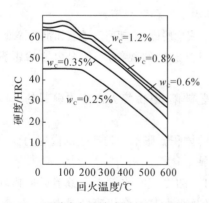

图 4-19 不同碳含量淬火钢的回火硬度与温度

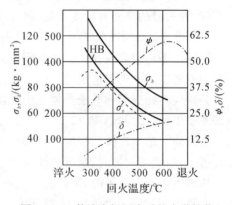

图 4-20 某淬火钢回火后的力学性能

淬火钢在回火时,冲击韧性的变化趋势大体上是随回火温度升高而升高的,但在某些温度范围回火,冲击韧性值明显偏低,这种现象称为回火脆性。如图 4-21 所示,在大约 300℃ 的温度回火后,钢的韧性很低,称为第一类回火脆性或低温回火脆性。低温回火脆性可能发生于所有的钢,第一类回火脆性一旦发生,就不易清除,因此也称为不可逆回火脆性,防范的办法是避免在 300℃ 左右回火。

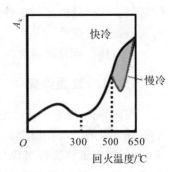

图 4-21　回火脆性与温度

钢在 450～650℃ 温度范围回火后,如果缓慢地冷却,韧性明显偏低,脆性加大,这种现象称为第二类回火脆性或高温回火脆性;如果回火时用快速冷却的方法,则可以避免高温回火脆性的发生;如果钢件已经产生了回火脆性,还可以重新加热至 550℃ 以上再快速冷却,即可消除回火脆性。所以高温回火脆性也称为可逆回火脆性。

钢中的内应力是随回火温度升高而降低的。当回火温度超过 400℃ 时,就可以基本消除淬火内应力。

3.回火工艺及其应用

根据回火温度,回火工艺可分为低温回火、中温回火和高温回火三种。它们分别适用于性能有不同要求的零件。

(1)低温回火(150～250℃)。低温回火的作用是保持钢件淬火后获得的高硬度和高强度,使塑性和韧性得到一定程度改善,并降低淬火内应力。低温回火主要用于高碳钢制造的刀具、量具、冷作模具以及渗碳淬火零件、表面淬火零件等。

(2)中温回火(350～500℃)。淬火钢件在中温回火后能获得较高的弹性和一定的韧性。中温回火主要用于各种弹簧和要求较高弹性的零件(如弹簧夹头等)。

(3)高温回火(500～650℃)。高温回火能使淬火钢件获得一定的强度、塑性和韧性,也就是说有良好的综合力学性能。通常将钢件的淬火并高温回火的热处理工艺称为调质处理。调质处理主要用于受力状况比较复杂(受各种静载荷、动载荷作用)的中碳钢结构零件,如连杆、轴、齿轮和螺栓等。

在确定回火工艺的时候,根据零件的钢种、用途和性能要求来选择回火温度;根据零件的尺寸及装炉数量来确定退火时间。回火以后,通常可以在空气中冷却,但含 Cr,Ni 的合金钢在高温回火以后应当快冷,以防止回火脆性发生。

4.4　钢的表面热处理工艺

在动载荷及摩擦条件下工作的零件(如齿轮、曲轴、凸轮轴和销轴等),要求表面具有高的硬度和耐磨性,心部有良好的综合力学性能(即有足够的强度和韧性)。在这种情况下,普通热处理就不能使零件达到性能要求了。例如,中碳钢经过淬火高温回火能获得良好的综合力学性能,但表面硬度和耐磨性不高;高碳钢经过淬火低温回火可获得高的硬度与耐磨性,但韧性较低,综合力学性能不好。采用表面热处理工艺就能够解决上述矛盾。

表面热处理不仅能提高钢件表面的硬度和耐磨性,还能提高钢件的抗疲劳性。这是因为,零件的疲劳裂纹常常是在表面萌生的,零件表面得到强化以后,可以显著地延迟疲劳裂纹萌生的时间。这样就能延长零件的疲劳寿命。有些表面热处理工艺(如渗氮)还能提高零件表面的耐腐蚀性和耐热性。

表面热处理分为表面淬火和化学热处理两大类,现在介绍几种常用的工艺方法。

4.4.1 表面淬火

表面淬火的基本原理是对钢件进行快速加热,使钢件表层的温度在极短的时间内就升到临界点以上,表层组织迅速实现奥氏体化,此时热量尚来不及传到心部,心部组织没有变化,随即快速冷却,使钢件表层获得马氏体组织,从而达到强化表面的目的。

实现快速加热钢件表面的方法有感应加热、火焰加热、电接触加热和电解液加热等,其中前两种方法是常用的。

1. 感应加热表面淬火

(1)感应加热表面淬火的原理。感应加热表面淬火的原理可以用图4-22来说明。工件绕自身轴线做旋转运动,同时沿轴线向下运动,进入一个用铜管制成的感应器内,感应器接通一定频率的交流电,由于电磁感应的缘故,在工件内产生相同频率的感应电流,感应电流在工件内形成回路,称为涡流。涡流在工件中的分布是不均匀的,主要集中在工件表层,而且电流的频率越高,涡流密集的表层就越薄,这种现象称为集肤效应。钢件自身的电阻,使涡流由电能转变成热能,迅速地加热工件表层达到奥氏体状态,随即工件进入下方的喷水套中喷水冷却,表层即被淬硬。

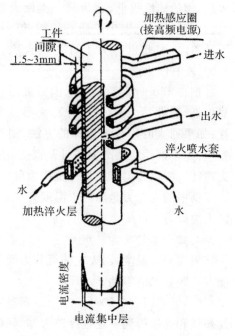

图4-22 感应加热表面淬火示意图

(2)感应加热淬火类型。电流频率越高,淬硬层越薄,根据所采用的电流频率,感应加热淬火可分为以下三类:

1)高频淬火:电流频率为200~300 kHz,淬硬层厚度为0.5~2 mm,适用中小型零件(如小直径的轴、小模数齿轮等)。

2)中频淬火:电流频率为2 500~8 000 Hz,淬硬层厚度为2~10 mm,适用于较大尺寸的轴和大、中模数的齿轮等。

3)工频淬火:直接应用频率为50 Hz的工业交流电,淬硬层厚度一般为10~15 mm,最厚可达50 mm。适用于大直径零件(如轧辊、火车车轮等)的表面淬火。

(3)感应加热表面淬火的特点有:①感应加热表面淬火的时间很短(几秒至几十秒),零件表面基本上无氧化,且奥氏体晶粒细小,淬冷后得到细小的马氏体,硬度比普通淬火高2~3HRC;能比较准确地控制淬硬层的厚度。②生产效率高,易于实现机械化和自动化,适用成批生产。但感应加热设备昂贵,维修调整有一定难度,不适宜单件生产。

2. 火焰加热表面淬火

火焰加热表面淬火是利用氧和乙炔(或其他可燃气体)燃烧的火焰对工件表面进行加热,随即冷却淬火的工艺,如图4-23所示。

火焰表面淬火的设备简单,淬硬层厚度一般为2~6 mm,主要适用于单件和小批生产的大零件的表面淬火。其缺点是加热温度和淬硬层厚度不易控制,淬火质量不稳定,生产效率低。

3.表面淬火适用的钢种及配套热处理工艺

表面淬火主要适用于中等含碳量($0.35\% \leqslant w_C \leqslant 0.50\%$)的碳钢及合金钢零件。表面淬火之前先对零件进行调质处理,使零件整体获得良好的综合力学性能,然后再进行表面淬火。表面淬火不会改变零件内部的组织和性能,只对表面进行强化。表面淬火后,零件表层获得马氏体组织,具有高的硬度($>50HRC$)和耐磨性,而且零件的抗疲劳性也得到

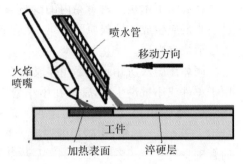

图 4-23　火焰加热表面淬火示意图

提高。为了降低淬硬层的脆性,可以在表面淬火之后进行低温回火。

表面淬火还可用于某些要求具有较高耐磨性的铸铁零件,如柴油机的曲轴和凸轮轴、机床导轨等。

4.4.2　钢的化学热处理

化学热处理是在高温下向钢件表层渗入某些元素的原子,改变表层的化学成分,从而改变表层的组织和性能的热处理工艺。

化学热处理的过程是在加热炉内置入某些化学物质,当在炉内对钢件进行加热时,化学物质分解出某些元素的活性原子,活性原子被钢件表面吸附并渗入表层。

化学热处理的种类很多,按渗入元素的不同可分为渗碳、渗氮(氮化)、碳氮共渗、渗硼、渗铝和渗铬等。

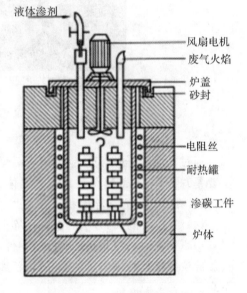

图 4-24　气体渗碳示意图

1.渗碳

渗碳是将钢件置于渗碳剂中加热保温,使碳原子渗入钢件表层,从而提高钢件表层含碳量的热处理工艺。按渗碳剂的形态,渗碳工艺可分为气体渗碳、固体渗碳和液体渗碳三种。目前常用的是前两种。

(1)气体渗碳。图 4-24 所示为气体渗碳的示意图。此法是将钢件置于密封的加热炉中,通入渗碳剂(如煤气、天然气、煤油和丙酮等),并将炉温升到 $900 \sim 950℃$。渗碳剂在高温分解出 CO 和 CH_4 等气体,这些气体进一步发生如下反应,分解出活性碳原子[C]:

$$2CO \rightarrow CO_2 + [C] \qquad CH_4 \rightarrow 2H_2 + [C]$$

活性碳原子被钢件表面吸收,并向内部扩散,形成一定深度的渗碳层。

气体渗碳的生产率高,过程易于控制,渗碳层质量好,但设备投资较大,适宜成批生产而不适宜单件生产。

(2)固体渗碳。固体渗碳法是将钢件置于四周填满固体渗碳剂的密封箱中,然后放入炉内加热到 $900 \sim 950℃$ 保温一段时间,从而获得渗碳层的渗碳方法,如图 4-25 所示。

固体渗碳剂通常是颗粒状木炭(直径为 $3 \sim 8$ mm)和碳酸盐($BaCO_3$ 或 Na_2CO_3)的混合物。其中木炭提供活性碳原子,而碳酸盐起加速渗碳的作用。

在高温下木炭与密封箱内的少量氧气作用生成 CO,并进一步反应生成活性碳原子[C]。活性碳原子[C]渗入钢件表层形成渗碳层。

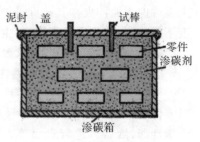

图 4-25　固体渗碳示意图

固体渗碳法所用设备简单,成本低,但生产效率低,适用于单件或小批量生产,常常在中小型工厂应用。

(3)渗碳用钢及渗碳后的组织。渗碳一般适用于含碳量不大于 0.2%的钢,渗碳层的厚度为 0.5～2 mm。渗碳层的含碳量可达 0.9%～1.05%,从表层到心部碳量逐渐减少,心部为原来的含碳量。因此,低碳钢渗碳后缓冷到室温的组织是:表层为过共析钢组织,与其相邻的内层为共析钢组织,再往里是铁素体较少的亚共析钢组织的过渡层,心部是铁素体较多的低碳亚共析组织,如图 4-26 所示。

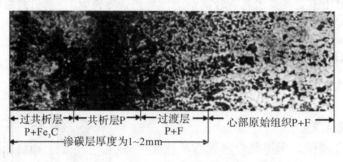

图 4-26　渗碳后缓冷的组织

通过上面的分析可见,钢件渗碳后虽然表层的含碳量显著提高,但缓冷到室温表层的组织主要是珠光体,心部组织是大量铁素体和少量珠光体,表面的硬度和心部的强度并不高。因此,钢件在渗碳后必须淬火和低温回火,才能有效地挖掘出性能潜力。

(4)渗碳后淬火的方法。渗碳后淬火的方法常用的有如下几种:

1)直接淬火法。此法是将渗碳零件以渗碳温度(900～950℃)预冷到 800～850℃进行淬火。此法的特点是操作简单,不需重新加热淬火,生产率高,成本低,但零件的组织粗大,韧性不高。

2)重新加热淬火法。此法是将渗碳体缓冷后,再加热到适当温度,然后淬火。此法的特点是零件的组织较细小,性能较好,但工艺周期要长一些,成本也较高。

渗碳零件淬火之后还要进行低温回火,以降低淬火内应力,防止变形开裂,提高韧性。

低碳钢件经渗碳、淬火、低温回火后,表面得到高碳马氏体,有高的硬度(≥60HRC)和耐磨性;心部得到低碳马氏体,有良好的综合力学性能。

2.渗氮(氮化)

渗氮是向钢件表层渗入氮原子,从而强化工件表面的热处理工艺,又称为氮化。

(1)渗氮方法。

1)气体渗氮。气体渗氮是将钢件放入通有氨气(NH_3)的渗氮炉中,加热到 500～600℃,氨气分解出活性氮原子[N]:

$$2NH_3 \rightarrow 3H_2 + 2[N]$$

活性氮原子[N]渗入钢件表面形成渗氮层。

气体渗氮是目前工厂中常用的一种渗氮方法。此法的生产周期较长，一般需要 30～60 h。

2)离子渗氮。离子渗氮是将钢件放入专用的真空炉中，通入少量氨气，在钢件(阴极)和炉体(阳极)之间接入高压直流电，氨气在炉内的电场作用下电离出氮离子，氮离子在电场作用下飞向钢件表面，并被吸收形成氮化层。

离子渗氮是一种较先进的渗氮方法，其主要特点是渗氮速度快，所需时间仅为气体渗氮的 $1/4～1/2$，渗氮的质量较好，节约电能和氨气，对环境污染很小。但所用设备较复杂，投资较大。

(2)渗氮用钢及配套热处理。要渗氮的零件一般选用含有铬(Cr)、钼(Mo)、铝(Al)等合金元素、中等含碳量的合金钢来制造。这是因为上述元素能与氮结合形成高硬度的氮化物，提高钢件表面的硬度和耐磨性。典型的渗氮用钢有 38CrMoAl，40CrNiMo 等。

为了使零件心部具有良好的综合力学性能，在渗氮之前要进行调质热处理。此外，在渗氮之前要对零件上需要渗氮的表面进行精加工，表面粗糙度要控制在 $1.6\ \mu m$ 以下。

(3)渗氮层的性能。渗氮层的厚度一般只有 0.1～0.6 mm，其组织由含氮的固溶体及 AlN，CrN，Mo_2N 等氮化物组成。渗氮层的硬度高达 1 000～1 200HV(相当于 70HRC)，因此，钢件在氮化以后不再进行淬火处理。渗氮层的摩擦因数很小。由于硬度高且摩擦因数小，所以渗氮层具有很高的耐磨性。渗氮层在 550℃的高温下仍能保持高硬度，而渗碳层和表面淬火的硬度在超过 200℃以后就会明显下降。渗氮层还具有一定的耐腐蚀性。

渗氮处理的缺点是：渗氮层厚度小、脆性大，受冲击易剥落；渗氮处理的时间长，成本也较高。

3.碳氮共渗

碳氮共渗是同时向钢件表层渗入碳原子和氮原子的工艺，共渗层的性能介于渗碳和渗氮之间。

(1)高温碳氮共渗。在 800～900℃温度范围进行共渗，以渗碳为主。渗层厚度通常为 0.3～0.8 mm，渗后要进行淬火、低温回火，硬度可达 60HRC 左右，耐磨性、抗疲劳性略优于渗碳，有一定耐蚀性，加之共渗温度低于渗碳，因此用高温碳氮共渗代替薄层渗碳可取得较好的技术经济效益。高温碳氮共渗适用于含碳量小于 0.5% 的结构钢件，如轴、齿轮等。

(2)低温碳氮共渗。在 500～600℃进行共渗，以渗氮为主。共渗层很薄，共渗层的硬度比渗氮低，韧性比渗氮高，过去常称为"软氮化"。低温碳氮共渗能提高零件的耐磨性、抗疲劳性和耐蚀性，主要用于刀具、模具和量具等。

以上介绍的几种表面热处理工艺的共同点是能提高零件表面的硬度、耐磨性和抗疲劳性，并且通过选择合适的钢种和配套热处理工艺，使零件心部具有良好的综合力学性能。在应用表面热处理工艺时，应当注意它们之间的差别，如表面强化层的深度及性能特点、适用的钢种、配套热处理工艺和适用的零件等。

习　题

1.20 钢、45 钢、T8 钢、T12 钢的淬火加热温度分别是多少？

2.针对下列情况，选择合适的退火或正火工艺。

(1)$w_C = 0.20\%$ 的钢件，切削时有黏刀现象。

(2)$w_C < 0.20\%$ 的钢，在冷变形加工中，变形量达到一定程度后，继续变形出现困难。

(3)$w_C = 0.45\%$ 的锻造钢件，硬度偏高，切削时刀具磨损快。

(4)$w_C \geqslant 0.77\%$的锻造钢件,硬度偏高,切削时刀具磨损快。

(5)钢或铸铁材料的铸件,发现其形状和尺寸不稳定。

(6)$w_C = 0.45\%$钢制造的轴,对使用性能的要求不高。

(7)用冷拉钢丝冷绕的弹簧,需要稳定形状和尺寸。

3.对钢件渗碳的作用是什么?为什么渗碳后还必须淬火、低温回火?

4.请为下列钢件选择合适的热处理工艺:

(1)45 钢($w_C = 0.45\%$)零件,要求具有一般的综合力学性能。

(2)40Cr 钢($w_C = 0.40\%$)零件,要求具有良好的综合力学性能。

(3)60Si2Mn 钢($w_C = 0.65\%$)弹簧,要求高弹性。

(4)冷拉 70 钢丝冷绕成的小弹簧,要求高弹性。

(5) T10 钢($w_C = 1.0\%$)刀具,要求高硬度和耐磨性。

5.下列零件要求表面具有高硬度和耐磨性以及抗疲劳性,心部有良好的综合力学性能,请选择合适的热处理工艺。

(1)20Cr 齿轮。

(2)40Cr 齿轮。

(3)40CrNiMo 精密主轴。

6.下列说法正确与否?为什么?

(1)钢在奥氏体化以后,冷却越快,得到的硬度越高。

(2)钢在淬火时,冷却越快越好。

(3)钢经过淬火获得马氏体组织后,处于硬脆的状态。

(4)钢中合金元素含量越多,则淬火后硬度就越高。

(5)钢的含碳量越高,淬透性越高。

(6)钢经过渗碳后,表面就有很高的硬度。

(7)某钢件经过淬火、回火后达到使用性能要求,则可称回火为最终热处理。

7.甲乙两厂同时生产一批 45 钢零件,硬度要求为 $220 \sim 250\text{HBW}$。甲厂采用调质处理,乙厂采用正火处理,都可达到硬度要求。试分析甲、乙两厂产品的组织和性能的差别。

8.某机器上的一只 40Cr 钢调质螺栓损坏了,急需更换。但没有现成的备件,只有 20Cr 钢棒材,可否用 20Cr 钢制造一只螺栓替换使用?为什么?

9.根据图 4-27 判断对应序号的热处理名称及组织。

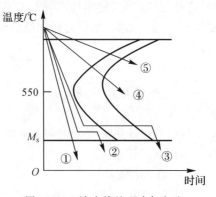

图 4-27 淬火热处理冷却方法

模块 5　黑色金属材料

❖**学习目标：**

(1)了解合金元素在钢中的作用；

(2)熟悉钢铁材料的分类、性能特点及应用；

(3)了解量具钢和特殊钢的性能要求、高温合金的性能要求和不锈钢的性能特点；

(4)熟悉不锈钢及高温合金的性能特点及应用。

❖**学习重点：**

(1)掌握碳钢、合金钢的类型和牌号识别；

(2)掌握结构钢、工具钢和模具钢的性能要求及应用。

机械产品的性能取决于其使用的材料，不同的材料的力学性能和工艺性能、成本都各有不同。金属材料由于其良好的工艺性和使用性能成为工业中应用最广的材料之一。金属材料包括有色金属和黑色金属，黑色金属材料也称钢铁材料，是以铁碳为主要成分的合金，包括碳钢、合金钢和铸铁，目前，世界上钢铁材料年产量已达 10 亿吨，其用量达到所有金属用量的 60%以上。

5.1　钢铁材料概述

5.1.1　钢的分类

钢的种类繁多，可以从不同角度进行分类。

(1)按化学成分分：

1)碳素钢：低碳钢($0.0218\% < w_C < 0.25\%$)、中碳钢($0.25\% \leqslant w_C \leqslant 0.60\%$)和高碳钢($0.60\% < w_C < 2.11\%$)；

2)合金钢：低合金钢(合金元素总含量小于 5%)、中合金钢(合金元素总含量在 5%~10%之间)和高合金钢(合金元素总含量大于 10%)；

(2)按金相平衡组织分：亚共析钢($P+F$)，共析钢(P)和过共析钢($P+Fe_3C$)。

(3)按冶金质量等级分：磷(P)和硫(S)是钢中危害最大的杂质元素。

1)普通钢(不需特别控制质量 $0.04\% < w_S \leqslant 0.05\%$，$0.04\% < w_P \leqslant 0.05\%$)；

2)优质钢($0.03\% < w_S \leqslant 0.04\%$，$0.035\% < w_P \leqslant 0.04\%$)；

3)高级优质钢($w_S \leqslant 0.03\%$，$w_P \leqslant 0.035\%$)。

(4)按冶炼时的脱氧方法分：

1)沸腾钢（脱氧不完全）；

2)镇静钢（脱氧较完全）；

3)半镇静钢（脱氧程度介于沸腾钢和镇静钢之间）。

(5)按成型方法分为锻钢、铸钢、热轧钢和冷拉钢。

(6)按钢材外形分为型材、板材、管材和金属制品等。

(7)按钢的用途分为结构钢、工具钢、特殊性能钢，如图 5-1 所示。

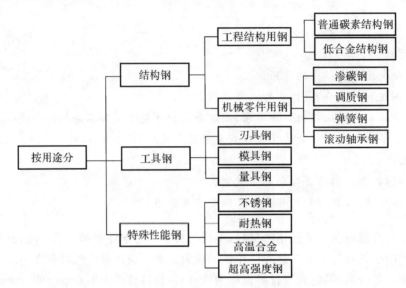

图 5-1 钢按用途分类

结构钢按用途可分为两大类——工程构件(结构)用钢和机械零件用钢。

工程结构用钢是来制造各种金属工程结构件的，例如桥梁、船体、车辆、厂房结构和电线塔等，要求具有良好的冷变形和焊接性能；为了在大气和海水中工作，要求具有一定的耐腐蚀的能力；应用时一般不进行热处理。通常在热轧空冷(正火)状态下供货，或者有时在正火、回火状态下使用。常用碳素结构钢和低合金高强度钢。

机械零件结构用钢用来制造各种机器零件，例如汽车、拖拉机等机器上的轴、齿轮、连杆、轴承、弹簧和紧固件等，是机械行业广泛使用且用量最大的钢。常见类型有碳素结构钢和合金钢。

5.1.2 钢的牌号表示方法

表 5-1 为常用钢的牌号表示方法。

表 5-1 钢的牌号表示方法

钢的类别	牌号示例	牌 号 说 明
普通碳素结构钢	Q235	①Q＋数字＋质量等级符号＋脱氧方法符号组成； ②Q 代表钢材的屈服点，后面的数字表示屈服点数值，单位是 MPa； ③质量等级(A,B,C,D)和脱氧方法符号(F 表示沸腾钢；b 表示半镇静钢；Z 表示镇静钢，Z 可不标注)； 如 Q235 表示屈服点(σ_s)为 235 MPa 的碳素结构钢

续表

钢的类别	牌号示例	牌　号　说　明
优质碳素结构钢	08,20,45,40Mn	①两位数字表示钢的碳含量,以平均碳含量的万分之几表示,如 45 表示平均碳含量为 0.45% 的优质碳素结构钢; ②锰含量较高的优质碳素结构钢,应将锰元素标出,例如 40Mn
碳素工具钢	T8,T10,T8A T8Mn	①T＋数字＋质量等级组成; ②T 代表碳素工具钢,其后的数字表示碳含量,以平均碳含量的千分之几表示; ③锰含量较高时,在钢号后标出 Mn; ④高级优质钢在钢号最后加标 A,例如 T8A 表示平均碳含量为 0.8% 的高级优质碳素工具钢
低合金高强度结构钢	Q295	表示方法同普通碳素结构钢,只是屈服强度不小于 295 MPa,如 Q295,表示屈服点为 295 MPa 的低合金高强度钢
合金结构钢	20Cr,40Cr,60Si2Mn	①两位数字碳含量＋合金元素＋合金元素含量组成; ②合金元素及其百分含量,含量小于 1.5%,如 60Si2Mn 表示含碳量为 0.6%,Si 约为 2%,Mn 约为 1% 的合金结构钢
滚动轴承钢	GCr9,GCr15	①G＋铬及其千分含量; ②碳含量不标出,G 代表滚动轴承钢,铬以千分含量表示,其他合金元素以百分含量表示,例如 GCr15 表示 Cr 含量约为 1.5% 的滚动轴承钢
合金工具钢	Cr12,CrWMn, 9SiCr, 3Cr2W8V	①含碳量＋合金元素＋合金元素含量组成; ②与合金结构钢类似,当平均碳含量不小于 1.0% 时,不标出碳含量;当平均碳含量小于 1.0% 时,以千分之几表示,合金元素含量以百分之几表示,例如,9SiCr 表示含碳量为 0.9%,Si 及 Cr 含量约 1% 的合金工具钢;Cr12 表示含碳量大于 1%,Cr 含量约为 12% 的合金工具钢; ③合金元素以百分含量表示,但对铬含量较低的合金工具钢钢号,其铬含量以千分之几表示,并在表示含量的数字前加"0",例如 Cr06; ④高速工具钢的钢号一般不标出碳含量,只标出合金元素及百分含量。例如,W18Cr4V 表示 W 含量约为 18%,Cr 含量约为 4%,V 含量约为 1% 的高速钢
不锈钢	1Cr18Ni9, 0Cr18Ni9, 00Cr19Ni13Mo3	钢号中碳的质量分数以千分之几的数字标出,若 $w_C \leqslant 0.03\%$ 或 $w_C \leqslant 0.08\%$,钢号前以"00"或"0"标出,合金元素及含量表示同合金结构钢,例如,1Cr18Ni9 表示碳含量为 0.1%,Cr 含量为 18%,Ni 含量为 9% 的不锈钢;0Cr18Ni9 则表示碳含量不大于 0.08% 的不锈钢;00Cr19Ni13Mo3 表示碳含量不大于 0.03% 的不锈钢

5.2　碳　　钢

5.2.1　钢中常见杂质元素的影响

钢为铁碳合金,基本组成元素是铁(Fe)和碳(C),此外还有硅(Si)、锰(Mn)等合金元素,及硫(S)、磷(P)、氧(O)、氮(N)等有害元素,这些合金元素总含量小于1％,但对钢材力学性能却有很大影响。

(1)硅:有益元素,作为脱氧剂加入钢中。Si能溶于铁素体产生固溶强化,或与钢液中的FeO生成炉渣,消除FeO对钢质量的影响。适量的硅可提高钢材的强度,一般含硅量小于0.4％,含量过高,会降低钢材塑性。

(2)锰:有益元素,是一种弱脱氧剂。适量的锰可有效提高钢材强度,消除硫对钢材的热脆影响,改善钢材热加工性能,并改善钢材的冷脆倾向,同时不显著降低钢材的塑性、冲击韧性。普通碳素钢中锰的含量为0.3％～0.8％,含量过高使钢材变脆变硬。

(3)硫:有害元素,由矿石和燃料中带入,引起钢的热脆性(S不溶于Fe,生成的FeS分布于晶界上,当钢加热到1 000℃以上进行热加工时,FeS熔化将引起晶界开裂),降低钢材的塑性、冲击韧性、疲劳强度和抗锈性等。因此需要严格控制其含量,一般建筑用钢含硫量要求不超过0.055％。

(4)磷:有害元素,来源于矿石、生铁等炼钢原料,降低塑性、冲击韧性,尤其达到0.3％时,低温完全变脆(冷脆),含量须严格控制,一般不超过0.045％。

5.2.2 碳素结构钢

碳钢包括碳素结构钢和碳素工具钢两大类。碳素结构钢是用来制造各种机械零件和工程构件的材料,一般是中低碳钢。碳素工具钢主要用来制造各种刀具、量具和模具,一般是高碳钢。

碳素结构钢分为普通质量碳素结构钢和优质碳素结构钢,产量占钢总产量的70％～80％。

1.普通碳素结构钢

(1)性能特点:对有害杂质元素硫(S)和磷(P)控制不太严,易于冶炼,故冶炼成本低,价格较便宜,强度虽不很高但性能基本能满足一般工程结构件的要求。

(2)热处理:普通碳素结构钢大多以钢材(钢棒、钢板和各种型钢)的形式供应,供货状态为热轧状态,保证了力学性能中的屈服强度,用户使用时通常不需要再进行热处理。

(3)常用牌号:普通碳素结构钢的常见牌号及应用如表5-2所示。碳素结构钢的质量等级分为A,B,C,D四级,A级、B级为普通钢,C级、D级为优质钢。普通碳素结构钢大量用于制造各种金属结构和要求不很高的机器零件,是目前产量最大、使用最多的一类钢。

表5-2 普通碳素结构钢的牌号及应用

牌 号	等 级	σ_s/MPa	σ_b/MPa	δ_5/(％)	应 用
Q195		195	315～390	≥33	有一定的强度,塑性好,用于制作承受载荷不大的金属结构件、铆钉、垫圈、地脚螺栓、冲压件及焊接件等
Q215	A,B	215	335～410	≥31	
Q235	A,B,C,D	235	375～460	≥26	强度较高,用于制作金属结构件、钢板、型钢、螺栓、螺母、心轴和钢筋等。Q235-C,Q235-D的质量较高,可用作重要焊接结构件

续表

牌　号	等　级	σ_s/MPa	σ_b/MPa	δ_5/(%)	应　用
Q255	A、B	255	410～510	≥24	强度较高,质量高,用于制造承受中等载荷的零件,如键、销、转轴、拉杆、链轮、链环片、螺栓和螺纹钢筋等;部分替代优质碳素结构钢 25 钢及 35 钢使用
Q275		275	490～610	≥20	

2. 优质碳素结构钢

(1)性能特点:有害杂质元素磷、硫受到严格限制,非金属夹杂物含量较少,塑性和韧性较好,主要制作较重要的机械零件。与普通质量碳素钢相比,这类钢必须同时保证化学成分和性能,其牌号也体现了化学成分。如 45,表示平均含碳量为 0.45% 的优质碳素结构钢。优质碳素结构钢的硫、磷含量较低,夹杂物也较少,综合力学性能优于普通碳素钢。为了充分发挥其性能,一般都需要经热处理后使用。

(2)成分特点:这类钢的含碳量不超过 0.65%,属于中、低碳钢。如果钢中其他合金元素的含量大于 0.6%,钢牌号中则有该合金元素的化学符号。如 25Mn,表示平均含碳量为 0.25%、含锰量为 0.7% ～1.0% 的优质碳素结构钢。优质碳素结构钢牌号及用途见表 5 - 3。

(3)高级及优质钢牌号后加 A,特级优质钢牌号后加 E。

表 5 - 3　优质碳素结构钢的牌号及用途(GB/T 699—2015)

牌号	热处理加热温度/℃			σ_s/MPa	σ_b/MPa	δ_5/(%)	A_k/J	未热处理硬度/HBW	应　用
	正火	淬火	回火	不小于				不小于	
08	930			195	325	33		131	一般由钢厂轧成薄板或钢带供应,含碳量低,塑性、韧性好,冷塑性变形能力好,强度低;可用于制作冲压件、冷轧薄板、钢带、钢丝、钢板、冲压制品,如容器、仪表板、垫片和垫圈等
10	930			205	335	31		137	
15	920			225	375	27		143	有一定强度,塑性和韧性好,常用来制作受力不大和韧性要求高的冲压件和焊接件,如螺钉、螺母、杠杆、轴套和焊接容器等。这类钢经渗碳热处理后,钢材表面硬度高,心部有一定的强度和韧性,常用来制作承受冲击载荷的零件,如齿轮、轴、凸轮、销和摩擦片等低负荷零件
20	910			245	410	25		156	
25	900	870	600	275	450	23	71	170	

续表

牌号	热处理加热温度/℃			σ_s/MPa	σ_b/MPa	δ_5/(%)	A_k/J	未热处理硬度/HBW	应 用
	正火	淬火	回火	不小于				不小于	
30	880	860	600	295	490	21	63	179	强度、塑性和韧性都较好，综合力学性能好。经调质处理后，可获得良好的综合力学性能，主要用来制作齿轮、轴类和连杆等零件，其中40钢和45钢的应用范围最广
35	870	850	600	315	530	20	55	197	
40	860	840	600	335	570	19	47	217	
45	850	840	600	355	600	16	39	229	
50	830	830	600	375	630	14	31	241	
55	820			380	645	13		255	
60	810			400	675	12		255	经热处理后，可获得较高的弹性极限、屈服强度，足够的韧性和一定的强度，常用来制作弹性零件和易磨损的零件，如弹簧、弹簧垫圈和轧辊等。60Mn强度高，比含碳量相同普通碳钢的σ_s提高约50%，同时具有良好的综合性能和焊接性能
65	810			410	695	10		255	
70	790			420	715	9		269	
75		820	480	880	1080	7		285	
80		820	480	930	1080	6		285	
85		820	480	980	1130	6		302	

(3)常用牌号:08F,10,20,35,40,45,50,60和65。

10钢～25钢冷塑性变形能力和焊接性好;

30钢～55钢、40Mn钢和50Mn钢经调质处理后，可获得良好的综合力学性能，主要用来制作齿轮、连杆、轴类和套筒等零件，其中45钢应用最为广泛;

60钢～85钢、60Mn钢、65Mn钢、70Mn钢中60Mn强度高，比含碳量相同普碳钢的σ_s提高50%，同时具有良好的综合性能和焊接性能。

3.碳素工具钢

(1)成分特点。高碳，一般为0.7%～1.3%，不含合金元素;随着碳含量的增加，钢的硬度增加，但耐磨性增加，韧性下降。

(2)性能特点。淬硬性高，淬火硬度不小于62HRC。但因不含合金元素，故淬透性不高。热硬性也不高，使用温度一般不能超过200℃。

(3)热处理。预备热处理采用球化退火，目的是降低硬度便于切削加工，并为淬火做组织准备。若锻造组织中出现网状碳化物，则应先正火处理。最终热处理采用淬火+低温回火，以保持淬火后的高硬度。

(4)常用牌号及应用。碳素工具钢因成本低、冷热加工工艺性能好，但无热硬性，综合力学性能不好，因此在手用工具和形状简单的机用低速切削工具上有较广泛的应用。也可制造量具、小型简单冷冲模以及各种工具。常见牌号见表5-4。

表 5 - 4　常见碳素工具钢牌号及用途(GB/T 1298—2008)

牌　号	退火态硬度/HB	淬　火		淬火后用途
		淬火温度/℃	硬度/HRC	
T7	≤187	800~820,水	≥62	承受冲击、韧性较好且硬度适当的工具,如手钳、大锤、扁铲、改锥等
T8	≤187	780~800,水	≥62	承受冲击、要求较高硬度的工具,如冲头、术工工具等
T8Mn	≤187	780~800,水	≥62	同上但淬透性大,可制造断面较大的工具
T10	≤197	760~800,水	≥62	不受剧烈冲击、高硬度且耐磨的工具,如手锯条等
T12	≤207	760~800,水	≥62	不受剧烈冲击、高硬度、高耐磨的工具,如锉刀、刮刀、丝锥、量具等
T13A	≤217	760~800,水	≥62	同上,要求更耐磨的工具,如刮刀、剃刀等

5.3　合　金　钢

5.3.1　合金元素在钢中的作用

为改善碳钢的组织和性能,在碳钢基础上有目的地加入合金元素所形成的铁基合金,称为合金钢。常加入的合金元素有硅 Si、锰 Mn、铬 Cr、镍 Ni、钼 Mo、钨 W、钒 V、钛 Ti、硼 B、铝 Al、铌 Nb 和锆 Zr 等。

1. 合金元素对铁和碳的作用

几乎所有合金元素都能不同程度地溶入铁素体中,形成合金铁素体,引起晶格畸变,提高塑性变形抗力,造成固溶强化作用。溶入的合金元素不同,引起的晶格畸变程度不同,则产生不同的强化效果,由图 5 - 2(a)可见,Si 和 Mn 的固溶强化效果比较显著,而 Mo,W 和 Cr 等的强化效果小。图 5 - 2(b)是合金元素对冲击韧性的影响,W,Mo 降低了韧性,而适量的 Mn,Cr,Ni 提高了韧性。因此,在合金钢中通常含有适量的 Cr,Ni,在强化的同时也提高韧性。从合金元素对韧性的变化规律也可看出,钢中所加入的合金元素的量并不是越多越好,而是需要限定在一定范围内。

合金元素在钢中与碳的相互作用有以下两种:

1)能与碳形成碳化物的合金元素称为碳化物形成元素,如钛 Ti、钒 V、钨 W、钼 Mo、铬 Cr、锰 Mn 等。碳化物形成元素除一部分溶入铁素体外,还要溶入渗碳体或与碳形成新的碳化物。

2)不与碳形成碳化物的合金元素称为非碳化物形成元素,如镍 Ni、硅 Si、铝 Al 和氮 N 等。它们主要是溶入铁素体,使之强化。

大多数合金元素都能与碳形成合金碳化物,当碳化物呈细小颗粒状均匀分布于钢的基体时将起弥散强化作用,可显著提高钢的强度、硬度和耐磨性。

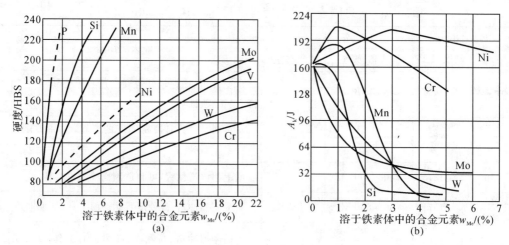

图 5-2　合金元素对铁素体性能的影响

(a)合金元素对硬度的影响;(b)合金元素对冲击韧性的影响

2.合金元素对铁碳合金相图的影响

合金元素不仅对钢中基本相有影响,而且使 Fe-Fe₃C 相图发生了变化,特别是奥氏体相区范围内的 S 点和 E 点位置的变化。

Mn,Ni 和 Co 等元素加入钢中可使 GS 线向左下方移动,扩大了奥氏体单相区,如图 5-3 所示。当钢中含有大量能扩大奥氏体相区的元素时,有可能在室温形成单相奥氏体组织,这种钢称为"奥氏体钢"。

Cr,W,Mo,V,Ti,Al 和 Si 等元素加入钢中可使 GS 线向左上方移动,缩小了奥氏体单相区,如图 5-3(b)所示。当钢中含有大量能缩小奥氏体相区的元素时,有可能在室温形成单相铁素体组织,这种钢称为"铁素体钢"。单相奥氏体和单相铁素体具有抗蚀、耐热等性能,是不锈、耐蚀、耐热钢中常见的组织。

大多数合金元素均使 S,E 点左移(见图 5-3)。S 点左移表明共析点含碳量降低,使含碳量相同的碳钢与合金钢具有不同的组织和性能。例如,碳钢中含有 12% 的铬时,使 S 点左移,这样 S 点位置 $w_C=0.4\%$ 的合金钢便具有共析成分,而含碳量相同的碳钢却为亚共析成分;E 点左移表明出现莱氏体的含碳量降低。例如,高速钢 W18Cr4V 中的 $w_C<2.11\%$,但在铸态组织中却出现了合金莱氏体。

由于合金元素使钢的 S,E 点发生变化,必然导致钢的相变点发生相应的变化。由图 5-4 可知,除 Mn 和 Ni 外,其他合金元素如 Ti,Si,W 和 Mo 等均不同程度地使共析温度升高,特别是少量 Ti 的加入即可显著提高共析温度。因此大多数合金钢的奥氏体化温度比相同含碳量的碳钢高。

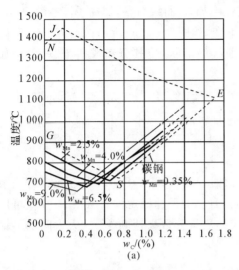
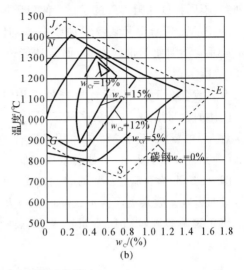

图 5-3 合金元素对铁碳合金相图的影响

(a)扩大 A 相区(Mn);(b)缩小 A 相区(Cr)

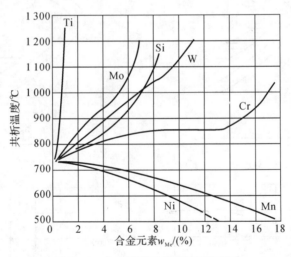

图 5-4 合金元素对共析温度的影响

3. 合金元素对钢热处理的影响

合金元素对钢的热处理的影响主要在于加热、冷却和回火时产生的相变。

(1)加热时对奥氏体晶粒大小的影响。加热时,几乎所有合金元素(除 Mn,P 外)均不同程度地阻碍奥氏体晶粒长大,尤其是强碳化物形成元素(如 Ti,V,Nb 等)的影响更显著,它们形成的碳化物在高温下较稳定,且呈弥散质点分布在奥氏体晶界上,能阻碍奥氏体晶粒长大。因此,采用相同热处理工艺的合金钢晶粒比相同含碳量的碳钢更细小,其性能较高。

V,Ti 和 Nb 等是细化晶粒的主要合金元素。细化晶粒是提高合金钢强度和韧性的重要手段之一。而含有 Mn 元素的合金钢选择较低的加热温度和较短的保温时间,以降低 A 晶粒长大。

(2)冷却时对过冷奥氏体转变温度的影响。由于固溶于奥氏体中的合金元素(除 Co,Al

以外)均不同程度地阻碍碳的扩散,使奥氏体稳定性增加,C 曲线右移,提高了淬透性。

Ni,S,Mn 等合金元素使 C 曲线右移,但形状不变,如图 5-5(a)所示;Cr,W,Mo 等碳化物形成元素不但使 C 曲线右移,而且还能改变 C 曲线的形状,使其分离成两个"鼻尖",如图 5-5(b)所示。

大多数合金元素(除 Co,Al 以外)均使马氏体转变温度 M_s 点和 M_f 点降低,使淬火后残余奥氏体的含量增加,这不仅降低了淬火钢的硬度,而且影响尺寸稳定性。图 5-5(c)为合金元素对 M_s 的影响,其中 Mn 的作用最显著,Al 和 Co 提高了 M_s 点,Si 几乎没有影响。当 Mn 和 Ni 等元素大量加入时,可使转变温度低于室温。

图 5-5(d)为含碳量 1%的碳钢在 1 150℃淬火时,Mn,Cr,Ni,Si,Co 合金元素对残余奥氏体量的影响。残余奥氏体不仅降低了淬火硬度,而且影响尺寸稳定性。从图 5-5 中可以看出,Mn 的影响较大,当 Mn 含量达 4%时,残余奥氏体质量分数高达 80%,这大大降低了钢的淬火硬度。

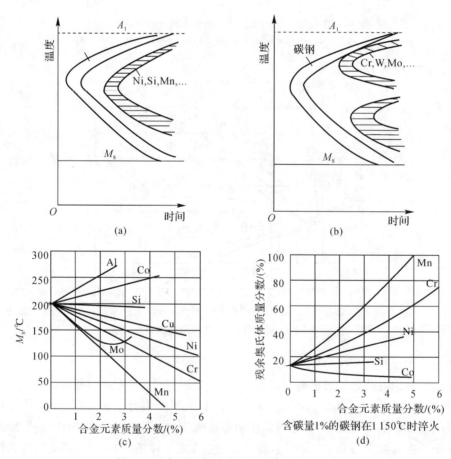

图 5-5 合金元素对过冷奥氏体转变的影响
(a)C 曲线右移;(b)C 曲线分解为两个"鼻尖";
(c)对马氏体转变温度的影响;(d)对残余奥氏体量的影响

(3)合金元素对碳钢回火的影响。碳钢淬火后在回火时随回火温度的升高,淬火钢的强度和硬度下降。而合金元素的加入可以提高淬火钢抵抗软化的能力。当回火温度相同时,合金钢的强度和硬度比同等碳含量的碳钢高。如图 5-6(a)所示,在 200℃时回火,9SiCr 的硬度高于 T10。

合金钢在回火时由于析出细小的、弥散分布的碳化物,使强度和硬度重新升高的现象称为二次硬化。如图 5-6(b)所示,加入 Mo 后,合金产生了二次硬化。

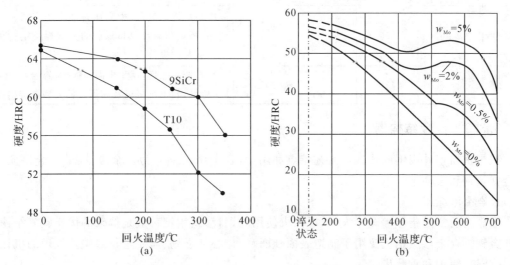

图 5-6　合金元素对回火转变的影响
(a)T10 与 9SiCr 的回火温度与硬度;(b)0.35%碳钢加入 Mo 后的二次硬化

5.3.2　低合金高强度结构钢

(1)性能特点。低合金高强度结构钢是在低碳钢的基础上加入少量合金元素(合金元素的含量不超过 5%,一般在 3%以下)而形成的钢,是具有较高强度的构件用钢,屈服强度一般在 300 MPa 以上,高于普通碳素结构钢,除较高强度外,还具有足够的塑性、韧性及低温韧性,良好的焊接性和冷热塑性加工性能。

(2)成分特点。$w_c \leqslant 0.2\%$,能满足塑性和韧性、焊接性以及塑性变形能力要求。合金元素含量较低,主加 Mn 和 Si 溶于铁素体中,起固溶强化作用。辅加 V,Ti,Nb,Al 等在钢中形成细小碳化物,起细化晶粒和弥散强化作用。用这类钢代替碳素结构钢,可大大减轻零件或构件的质量。

(3)热处理。低合金高强度结构钢大多在热轧空冷状态使用,使用时通常不再进行额外的热处理。有时也可以在正火、正火加高温回火或冷塑性变形状态使用。

(4)常见牌号及应用如表 5-5 所示。

表 5-5　低合金高强度结构钢常见牌号及应用

牌　号	力　学　性　能				应　用
	σ_b/MPa	σ_s/MPa	δ_5/(%)	A_k/J	
Q295	390~570	295	23	34(20℃)	低中压化工容器、车辆冲压件、建筑金属构件、有低温要求的金属构件
Q345	470~630	345	21	34(20℃) 27(-40℃)	各种大型船舶、铁路车辆、桥梁、管道、锅炉、压力容器和一般金属构件、零件

续表

牌号	力 学 性 能				应 用
	σ_b/MPa	σ_s/MPa	δ_5/(%)	A_k/J	
Q390	490～650	390	19	34(20℃) 27(−40℃)	中高压锅炉汽包、中高压石油化工容器、大型船舶、桥梁车辆及较高承载的大型焊接结构件,受动载荷的焊接结构件
Q420	520～680	420	18	34(20℃)	具有较高强度,用于中高压锅炉、容器,大型船舶,桥梁,起重机械以及高承载的大型焊接构件

5.3.3 合金结构钢

根据机器零件用钢的热处理工艺特点和用途,合金结构钢分为合金渗碳钢、合金调质钢、合金弹簧钢和滚动轴承钢。

1.合金渗碳钢

渗碳钢通常是指经渗碳淬火、低温回火使用的钢,渗碳用钢一般是低碳的优质碳素结构钢和合金钢。合金渗碳钢主要用于制造表面硬而耐磨、心部强韧、需要进行渗碳热处理的机械零件,如凸轮、销轴和重载齿轮等。

(1)性能特点。表层高硬度和高耐磨性(≥58HRC),心部良好强韧性,优良的热处理工艺性能(淬透性好,高温渗碳时奥氏体晶粒长大趋势小)。

(2)成分特点。低碳,一般 $w_c=0.1\%\sim0.25\%$,保证心部足够的塑性、韧性,以抵抗冲击载荷;主加 Cr,Mn,Ni 和 B 等,以提高淬透性,保证心部低碳的 M,具有足够的心部强度;辅加微量 Mo,W,V 和 Ti 等强碳化物形成元素,以形成稳定的特殊合金碳化物阻止渗碳时奥氏体晶粒长大。

(3)常用渗碳钢及热处理。热处理:渗碳后直接进行淬火(一次淬火或二次淬火),而后低温回火。

渗碳钢可根据淬透性高低分为低淬透性渗碳钢(水中临界淬透直径 20 mm≤$D_{临}$≤35 mm)、中淬透性渗碳钢(油淬 25 mm≤$D_{临}$≤60 mm)和高淬透性渗碳钢(油淬 $D_{临}$>100 mm)。

渗碳钢常见牌号及应用见表 5-6 所示。

表 5-6 渗碳钢常见牌号及应用

类别	牌 号	热 处 理		力学性能(不小于)				用 途
		第一次淬火	第二次淬火	σ_b/MPa	σ_s/MPa	δ_5/(%)	A_k/J	
低淬透性	15	890,空	770～800,水	>500	>300	15		小轴和活塞销等
	20Cr	880,水、油	780～820,水、油	835	540	10	47	齿轮、小轴和活塞销等
	20MnV		880,水、油	785	590	10	55	齿轮、小轴、活塞销,也可做锅炉、高压容器和管道

续表

类别	牌 号	热 处 理		力学性能(不小于)				用 途
		第一次淬火	第二次淬火	σ_b/MPa	σ_s/MPa	δ_5/(%)	A_k/J	
中淬透性	20CrMnMo		850,油	1 175	885	10	55	汽车、拖拉机的变速箱、齿轮等
	20CrMnTi	880,油	870,油	1 080	835	10	55	
	20MnTiB		860,油	1 100	930	10	55	代替 20CrMnTi
高淬透性	18Cr2Ni4WA	950,空	850,空	1 175	835	10	55	重型汽车、坦克、飞机的齿轮和轴等
	12Cr2Ni4	860,油	780,油	1 080	835	10	71	
	20Cr2Ni4	880,油	780,油	1 175	1 080	10	63	

2.合金调质钢

调质钢主要用于制造要求具有良好综合力学性能的机械零件,如轴、连杆、曲轴、齿轮和高强度螺栓等承受较大循环与冲击载荷的零件,因最终热处理常采用调质(淬火+高温回火处理)而得名,一般为中碳钢、中碳合金钢。

(1)性能特点。强度、硬度、塑性和韧性配合良好,都能达到中等以上的水平,即综合力学性能好。

(2)成分特点。钢的含碳量过低,则淬火和回火后硬度不够;含碳量过高,则零件韧性不足。调质钢采用中碳,$0.25 \leqslant w_C \leqslant 0.5\%$,这样可保证要求的综合力学性能。碳钢作为调质钢则偏于上限,由于合金元素代替了部分碳的强化作用,合金调质钢的含碳量可偏于下限,主加合金元素 Cr,Mn,Si,Ni 和 B,主要提高淬透性,其次固溶强化;辅加 Mo,W 和 V,主要抑制高温回火脆性,其次改善淬透性,V 的作用是细晶强化、弥散强化。

(3)热处理。预先热处理——保证零件的切削加工性能,主要有正火、退火、正火+高温回火;最终热处理——调质处理。

调质钢在退火或正火状态下使用时,其力学性能与相同含碳量的碳钢差别不大,只有通过调质,才能获得优于碳钢的性能。表5-7是钢正火和调质后的性能对比。

表5-7 调质钢正火和调质性能对比

热处理方法	牌号	热处理工艺	试样尺寸/mm	σ_b/MPa	σ_s/MPa	A_k/J
正火	40	870℃空冷	25	580	340	48
调质	40	870℃水淬,600℃回火	25	620	450	72
正火	40Cr	860℃空冷	60	740	450	72
调质	40Cr	850℃水淬,550℃回火	25	960	800	68

(4)合金调质钢常见牌号及应用。常见合金调质钢牌号及应用如表5-8所示。

低淬透性调质钢有较好的机械性能和工艺性,但淬透性低,广泛用于制造尺寸较小的中等载荷零件,例如连杆、螺栓和曲轴等,应用最广的是40Cr。

中淬透性调质钢中含有的合金元素更多,淬透性较高,可用于制造中型零件,例如较大截面的曲轴、连杆等。中淬透性调质钢主要牌号有40CrNi,40CrMnB,35CrMo 和 40MnVB 等。

表 5-8 合金调质钢常见牌号及应用

类别	牌号	热处理/℃		σ_b/MPa	力学性能(不小于)			用 途
		第一次淬火	回火	σ_b/MPa	σ_s/MPa	δ_5/(%)	A_k/J	
低淬透性	45	840,水	600,空	600	355	16	39	尺寸小、中等韧性零件和主轴曲轴齿轮等
	40Cr	850,油	520,水、油	980	785	9	47	重要调质件、轴连杆螺栓和机床齿轮等
	40MnB	850,油	500,水、油	980	785	10	55	性能接近或优于40Cr,用于调质件
中淬透性	40CrNi	820,油	500,水、油	980	785	10	55	大截面齿轮与轴等
	35CrMo	850,油	550,水、油	980	835	12	63	代替40CrNi
	30CrMnSi	880,油	520,水、油	1 080	885	10	39	高速砂轮轴、齿轮、轴套、起落架和螺栓等
高淬透性	40CrNiMoA	850,油	600,水、油	980	835	12	78	高强度零件、航空发动机轴及零件、起落架等
	40CrMnMo	850,油	600,水、油	980	785	10	63	相当于40CrNiMoA的调质钢
	37CrNi3	820,油	500,水、油	1 130	980	10	47	高强韧大型重要零件
	38CrMoAL	940,水、油	640,水、油	980	835	14	71	高压阀门和镗杆等

高淬透性调质钢由于合金元素含量多,淬透性高,所以主要用于制造大截面、受重载荷的零件,例如,大型的轴和齿轮、汽轮机主轴和叶轮等。高淬透性调质钢主要有40CrMnMo,40CrNiMo 和37CrNi3 等。40CrNiMoA 钢强度较高,用于航空发动机轴及零件、起落架。

3.合金弹簧钢

合金弹簧钢是用于制造弹簧和各种弹性零件的钢种。弹簧的主要作用是通过弹性变形储存能量,从而传递力和机械运动或缓和机械的振动与冲击,通常是在长期的交变应力下承受拉、压、扭转和弯曲,如汽车、火车上的各种板弹簧、螺旋弹簧和仪表弹簧等。

(1)性能特点。高的弹性极限和屈强比,以保证优良的弹性性能,即吸收大量弹性变形不产生塑性变形,高的疲劳极限,防止疲劳破坏,足够的塑性、韧性,防止冲击断裂,具有良好的热处理和塑性加工性能,以及特殊时要求耐热性和耐腐蚀性。

(2)成分特点。弹簧钢属于中高碳钢,碳素弹簧钢 $0.60\% \leqslant w_c \leqslant 0.9\%$,合金弹簧钢 $0.45\% \leqslant w_c \leqslant 0.7\%$。经淬火回火后为回火 T,保证性能要求,主加 Si,Mn 和 Cr 等,提高淬透性和回火稳定性、固溶强化;辅加 Mo,W 和 V,防止 Si 引起的脱碳缺陷和 Mn 引起的过热,提高回火稳定性和耐热性。

(3)热处理。弹簧钢按弹簧的成型工艺分为热轧弹簧钢和冷拉(轧)弹簧钢两种。

热轧弹簧钢主要用于制作大型弹簧和形状复杂的弹簧。它们一般是由热轧钢丝和钢板等制成,60Mn,60Si2Mn 和 55Si2Mn 等一般要求高弹性和高韧性有很好的配合,因此弹簧钢常采用中温回火,热处理为淬火 + 中温回火。

冷拉(轧)弹簧钢主要用于制作小型和小截面的线尺寸小于 8mm 的形状简单的弹簧,多用冷制成形。65Mn 和 60Si2Mn 等用冷拔钢丝并卷取成形,同时得到强化。消除冷卷成形时所产生的内应力,并使弹簧定形,一般采用低温去应力退火或小于 300℃稳定化处理,在200～250℃油浴中处理 10～30 min,时间以烧透为准。如果弹簧形状不合格,可校正后再进行去应力退火。

(4)常见牌号及应用。合金弹簧钢常见的牌号及应用见表 5－9。其中应用最广的是60Si2Mn 。

表 5－9　合金弹簧钢常见牌号及应用

| 牌　号 | 热处理/℃ | | 力学性能(不小于) | | | | 用　途 |
	淬火	回火	σ_b/MPa	σ_s/MPa	δ_5/(%)	ψ/(%)	
65	840,油	500	980	784	9	35	截面小于 12 mm 的小弹簧
65Mn	830,油	500	980	784	9	35	截面不大于 15 mm 的弹簧
55Si2Mn	870,油	480	1 274	1 176	6	30	截面不大于 25 mm 的机车板簧
60Si2Mn	870,油	440	1 570	1 375	6	20	应用广泛,用于制造缓冲卷弹簧
60Si2CrVA	850,油	410	11 862	1 666	6	20	截面不大于 30 mm 的重要弹簧,
50CrVA	850,油	500	1 274	1 127	10	40	如汽车板簧和温度不大于 350℃的耐热弹簧

4. 滚动轴承钢

滚动轴承钢是制造滚动轴承的内圈、外圈和滚动体的钢,也可以用于制造量具、刀具和冷冲压模具。

(1)性能特点。滚动轴承钢工作时承受高达 3 000～5 000 MPa 的交变接触应力和极大的摩擦力,同时还遭受大气、水及润滑剂的腐蚀。其主要损坏形式有接触疲劳、磨损和腐蚀。滚动轴承钢要求具有高的疲劳极限和弹性极限、高硬度和耐磨性,适当的韧性、耐腐蚀性及尺寸稳定性。

(2)成分特点。滚动轴承钢属于高碳,$0.95\% \leqslant w_C \leqslant 1.15\%$,要保证高硬度和耐磨性,主加 Cr,$0.40\% \leqslant w_{Cr} \leqslant 1.65\%$,增强淬透性;辅加 Si,Mn 和 Mo,可进一步提高淬透性和强度,保证高的接触疲劳极限和足够的韧性。

(3)热处理。预备热处理采用球化退火,目的是改善切削加工性能并为淬火做准备;最终热处理采用淬火+低温回火,以获得高硬度和高耐磨性。

(4)常见牌号及应用。滚动轴承钢常见牌号及应用见表 5－10。

表 5－10　滚动轴承钢常见牌号及应用

牌　号	淬火温度/℃	回火温度/℃	回火后硬度/HRC	用　途
GCr9	810～830	150～170	62～64	直径为 10～20 mm 的滚珠、滚柱及滚针
GCr9SiMn	810～830,水、油	150～170	62～64	壁厚小于 12 mm、外径小于 250 mm 的套圈,直径为 25～50 mm 的钢球,直径小于 22 mm的滚子

续表

牌　号	淬火温度/℃	回火温度/℃	回火后硬度/HRC	用　途
GCr15	820～840	150～170	62～64	与 GCr9SiMn 相同
GCr15SiMn	820～840，水、油	150～170	62～64	壁厚大于 12 mm、外径大于 250 mm 的套圈，直径为 25～50 mm 的钢球，直径大于 22 mm的滚子

5.超高强度钢

(1)性能特点。超高强度钢一般是指屈服强度超过 1 380 MPa 或抗拉强度 $\sigma_b \geqslant 1\,500$ MPa 的钢。在飞机上应用超高强度钢可以在不增加质量的前提下提高结构强度。

(2)成分特点。超高强度钢是在合金结构钢的基础上,通过严格控制材料冶金质量、化学成分和热处理工艺而发展起来的,以强度为首要性能要求并辅以适当韧性的钢种。

(3)常见牌号及应用。超高强度钢主要用于制造飞机上的主要受力结构件,如飞机起落架、机翼大梁、火箭、发动机壳体和武器(炮筒、枪筒、防弹板)等。我国航空工业上常用的超强钢有 30CrMnSiNi2A、40CrMnMoVB。超高强度钢常见牌号及应用见表 5-11。

使用时注意超高强度钢有比较严重的缺口敏感性,在零件加工中应避免产生尖锐的沟槽和边角。还有比较严重的氢脆现象,在与含氢的酸性介质接触后可能变脆,常进行除氢退火来防止氢脆。

表 5-11　超高强度钢常见牌号及应用

牌　号	热处理	σ_b/MPa	σ_s/MPa	δ_5/(%)	ψ/(%)	A_k/J	应　用
30CrMnSiNi2A	900℃油冷＋250℃空冷	1 600	1 400	9	45	0.6	用于高强度连接件、轴类零件,如起落架、机翼主梁、结合螺栓、涡轮喷气发动机压气机中机匣后段等重要受力结构件
40Ni2Si2MoVA (300M)	870℃油冷＋315℃油冷	2 020	1 720	9.5	34	0.6	是典型的飞机起落架用钢,用于飞机起落架、机体零件、发动机后框架、接头和轴等

5.3.4　合金工具钢

合金工具钢是指用于制造各种刃具、模具和量具用钢的总称。只要满足性能要求,同一种合金工具钢也可用在其他场合,如 CrWMn 称为低变形钢,可做刃具,也可兼做模具和量具。

1.合金刃具钢

刃具钢是用来进行切削加工金属的工具,包括各种手用和机用的车刀、铣刀、刨刀、钻头、丝锥和板牙等。刀具在切削过程中,刀刃与工件及切屑之间产生的强烈摩擦将导致严重的磨损和切削热;刀口局部区域极大的切削力及刀具使用过程中的过大的冲击与振动,可能导致刀具崩刃和断裂。高碳含量是获取高硬度、高耐磨性的基本保证。

刃具钢要求具有高的硬度(60～66HRC)和高的耐磨性;钢在高温下(如 500～600℃)保持高硬度(60HRC 左右)的能力(称为热硬性)是切削刀具必备的性能;高的弯曲强度和足够的韧性,避免冲击载荷下的崩刃和切削力作用下断裂的可能性。

根据热硬性的高低,刃具钢依次有碳素工具钢(见表 5-3)、低合金工具钢和高速工具钢三类。

(1)低合金刃具钢。为了弥补碳素工具钢的不足,在其基础上添加各种合金元素,成为合金工具钢。

1)成分特点。低合金工具钢属于高碳钢,含碳量在 0.8%～1.5%之间,并含少量的 Si,Mn,Cr,W,Mo 和 V 等合金元素(少于 5%)。添加 Si,Mn 和 Cr 可以提高淬透性,Si 和 Cr 还能提高回火稳定性;W 和 V 可提高热硬性和耐磨性,这些元素起到细化晶粒、提高韧性的作用。

2)性能特点。低合金工具钢的淬硬性高,淬火硬度不小于 62HRC。因含合金元素,故低合金工具钢的淬透性较高。低合金工具钢的热硬性比碳素工具钢略高,但加入的合金元素主要是淬透性元素,不具备热硬性特点,其使用温度一般不超过 250℃。

3)热处理。预备热处理采用球化退火;最终热处理采用淬火+低温回火。

4)常用牌号及应用。低合金工具钢的淬透性和综合力学性能、热硬性都优于碳素工具钢,因此可制造中小尺寸、形状较复杂、精度较高的低速切削刀具,也可制造量具、小型冷冲模以及各种工具。9SiCr 钢是常用的合金工具钢,具有高的淬透性和耐回火性,热硬性的温度可达300～350℃,主要制造变形小的薄刃低速切削刀具,如丝锥、板牙和铰刀等。CrWMn 钢具有高的淬透性,淬火变形小,适于制造较复杂的低速切削刀具,如拉刀等。常见合金刃具钢的牌号及用途见表 5-12。

表 5-12　量具、刃具用钢牌号及用途(GB/T 1299—2014)

牌　号	淬火温度/℃,介质	硬度/HRC	用　　途
9SiCr	820～860,油	≥62	板牙、丝锥、铰刀和冷冲模等
8MnSi	800～820,油	≥60	木工錾子、锯条和切削工具
Cr06	780～810,水	≥64	外科手术刀、剃刀、刮刀、刻刀和锉刀等
Cr2	830～860,油	≥62	车刀、插刀、铰刀、钻套、量具和样板等
9Cr2	820～850,油	≥62	木工工具、冷冲模、钢印和冷轧辊等

(2)高速工具钢。高速工具钢是为了适应高速切削而发展起来的具有优良热硬性的工具材料。在高速切削条件下 (如 50～80 mm/min),高速摩擦使刀具的刃部温度高达 500～600℃,此时,高速钢仍能保持高硬度,使刃口保持锋利,从而保证高速切削。

1)成分特点。高速钢是高碳合金钢,含碳量在 0.8%～1.5%(加入的碳,一部分溶入 A 中,淬火后保证 M 的硬度;另一部分与合金元素形成足够的碳化物,保证硬度),并含大量的 Cr,W,Mo 和 V 等合金元素(总量大于 10%)。提高热硬性的元素主要是 W 和 Mo;V 的碳化物硬度极高,对提高钢的硬度和耐磨性有很大的作用,也能起到细化晶粒、提高韧性的作用;Cr 可以提高其淬透性。

2)性能特点。高速工具钢的淬硬性高(因合金元素含量高),淬火硬度≥62HRC。热硬性高,在 600℃切削时,其硬度仍维持在 55HRC 以上。它还具有高硬度和高耐磨性,从而使切削时刀刃保持锋利(因此又叫锋钢);淬透性优良,甚至空冷也得到马氏体(又称风钢)。

3)热处理。高速工具钢的热处理较为特别,通常要在 1 170～1 300℃加热淬火后于

560℃进行 3~4 次回火,以保证具有高的热硬性。

4)常用高速工具钢牌号及用途。通用型高速钢:以钨系 W18Cr4V 和钨钼系 W6Mo5Cr4V2 为代表,淬火+三次回火后,硬度均可达到 63~66HRC。

W18Cr4V 主要用于制造形状较复杂、刃口锋利、精度高的机用高速切削刀具,如切削用车刀、刨刀、钻头和铣刀等。W6Mo5Cr4V2 主要用来制作要求耐磨性和韧性配合的中速切削刀具,如丝锥和钻头等。

2.合金模具钢

合金模具钢是用于制造各种模具的钢种。常用的模具可分为冷作模具、热作模具和塑料模具三大类。

(1)冷作模具钢。冷作模具是指在常温下对材料进行剪裁、变形加工的模具,如冲裁模、冷变形模、拉丝模和冷挤压模等。

冷作模具受摩擦、冲击载荷和静载荷,损坏形式主要有磨损、崩刃、变形和断裂,因此要求钢具有较高硬度(>55HRC)和耐磨性、足够的韧性和强度。大型冷作模具还要求钢具有高的淬透性。

(2)热作模具钢。热作模具是指在高温下对金属材料进行加工的模具,常见的有热锻模、热挤压模和压铸模。热作模具在工作时由于高温(600℃)下承受很大的静载荷或冲击载荷,容易产生塑性变形、开裂;强烈的摩擦会引起磨损;温度的反复升降会产生热疲劳(表现为龟裂,即在模具工作表面出现网状的浅裂纹)。对热作模具的性能要求是:高的热强度,在高温能保持较高的强度,并有足够的韧性;高的热硬性以及耐磨性;抗热疲劳;较高的淬透性;良好的抗氧化性和耐腐蚀性。

冷作模具钢和热作模具钢常见牌号及用途见表 5-13。

表 5-13 模具钢牌号及用途(GB/T 1299—2014)

类 型	钢 号	淬 火		退火交货状态的钢材硬度/HB	用 途
		淬火温度℃/介质	HRC(不小于)		
量具、刃具用钢	9SiCr	820~860℃,油		241~179	板牙、丝锥、钻头、铰刀、齿轮铣刀和冷冲模等
	Cr2	830~860℃,油		229~179	
冷作模具	Cr12	950~1 000℃,油	60	269~217	冷冲模冲头、冷切剪刀、粉末冶金模、木工切削工具和圆锯等
	Cr12MoV	950~1 000℃,油	58	255~207	
	CrWMn	800~830℃,油	<50	255~207	属于低变形钢,做高精度形状复杂的量具和量块
热作模具	5CrMnMo	820~850,油	<60	241~197	中、大型锻模、螺钉、压铸模
	4Cr5MoSiV	1 000~1 030℃,油或空气		<235	
	3Cr2W8V	1050~1 100℃,油或空气		750	

(3)塑料模具钢。塑料模具是用来生产塑料制品的模具。塑料模具的力学性能要求不高:足够的强韧度,良好的耐磨性、耐腐蚀性和热硬性,但要求具有良好的切削加工性、抛光性、光

刻腐蚀性及良好的热处理性能。

塑料模具的工作温度不太高(<250℃),受力也不大,因此在选材时条件并不严格,很多钢都可以选用,制造泡沫塑料时还可以选用铜、铝、锌等有色合金,以及铸铁等。

3.合金量具钢

量具是度量工件形状的工具,如游标卡尺、千分尺、块规、样板和塞尺等,要求有高的尺寸稳定性、高硬度(58~64HRC)、高耐磨性以及足够的韧性。只要满足这个性能要求,很多碳素工具钢和合金刃具钢都可作为量具钢使用。

低合金钢作为最常用的量具钢,典型牌号有 CrWMn 和 GCr15。CrWMn 是一种微变形钢,GCr15 的尺寸稳定性和抛光性能优良,常用来制作精度要求高、形状复杂的量具。其他量具钢还可选择高碳钢、高碳合金钢、渗碳钢、碳素工具钢、滚动轴承钢和低合金刃具钢等。

一般普通平样板或卡板可以选 10,20,50,60 和 65Mn;一般量规和块规选 T10A,T12A 和 9SiCr;高精度量规可选 GCr15,若形状复杂可用 CrWMn,要求耐腐蚀可选 9Cr18。

5.4　特殊性能钢

特殊性能用钢是指具有特殊的物理、化学性能或机械性能较高的钢。这里简单介绍航空上常用的不锈钢、耐热钢和高温合金。

5.4.1　不锈钢

不锈钢是指具有较高的耐氧化、耐腐蚀性能的钢种。

不锈钢是在碳钢基础上加入 Cr,Ni,Si,Mo,Ti 和 Nb 等形成的。其中,Cr 是不锈钢获得耐腐蚀性的最基本元素,当钢中 Cr 含量大于 12% 时,不仅使基体电极电位大大提高,而且在氧化性介质中还会使钢表面快速形成致密、稳定的钝化膜 Cr_2O_3 膜(化学腐蚀到一定程度形成的氧化膜可阻止进一步腐蚀,称为钝化),并且一定量的铬(或与其他元素配合)可使钢在室温下形成单相铁素体或奥氏体,而不利腐蚀原电池的产生,可进一步提高耐蚀性。为了保证耐蚀性,不锈钢中必须含有不小于13%的铬(Cr)元素(提高电极电位、提高表面防腐蚀能力)。

由于 C 与 Cr 容易在晶界处形成合金碳化物,而使得晶界周围组织的 Cr 含量降低,这样贫 Cr 区的组织容易遭到腐蚀。为此,大多数不锈钢中碳含量均很低。

不锈钢按合金元素可分为铬不锈钢和铬镍不锈钢、铬锰不锈钢等。

按照金相组织的特点,不锈钢可分为马氏体不锈钢、奥氏体不锈钢和铁素体不锈钢三大类。

1.马氏体不锈钢

$0.1\% \leqslant w_C \leqslant 1.0\%$,$12\% \leqslant w_{Cr} \leqslant 18\%$。碳不抗腐蚀,但碳含量增加,强度、硬度和耐磨性也随之增加。马氏体不锈钢的正火组织为马氏体,可淬火强化,能耐盐、弱酸、弱碱、海水、水汽腐蚀,具有铁磁性。

1Cr13,2Cr13,3Cr13 和 4Cr13:综合力学性能较好,可制造耐腐蚀的机械零件、涡轮机叶片、炊具餐具和泵等。

7Cr17 和 9Cr18:硬度和耐磨性高,可制造耐蚀的滚动轴承和锋利刀具(如外科手术刀、剃刀)。

2.奥氏体不锈钢

奥氏体不锈钢的正火组织为奥氏体,不能淬火强化,强度、硬度较低,塑性、韧性高。奥氏体不锈钢能耐硝酸腐蚀,故称耐酸钢,但在硫酸、盐酸中仍会被腐蚀,不具有铁磁性,可切削性差。

常用奥氏体不锈钢牌号有 0Cr18Ni9 和 1Cr18Ni9Ti 等。奥氏体不锈钢用于对耐蚀性要求很高,但对强度要求不高的化工容器、化工机械的结构件等,也可作为耐热钢应用。

3.铁素体不锈钢

铁素体不锈钢的正火组织为铁素体,不能淬火强化,强度、硬度较低,塑性、韧性高,耐蚀性介于奥氏体型和马氏体型之间,具有铁磁性。

常用铁素体不锈钢的牌号有 1Cr17 和 1Cr28 等。铁素体不锈钢用于对耐蚀性要求很高,但对强度要求不高的容器、管道和热交换器等。

5.4.2 耐热钢及高温合金

航空飞行器中有许多部件在高温环境下工作,有的在承受高温的同时还要承受很大的应力作用。耐热钢与高温合金在高温的介质中能保持足够的强度和抗氧化性能,是用来制造高温条件下工作的结构件的主要金属材料,尤其高温合金是制造航空发动机的关键材料。

1.对高温材料的性能要求

衡量高温材料的性能指标主要有两个——热稳定性和高温强度。

(1)热稳定性。热稳定性指在高温下具有高的抗氧化、抗腐蚀能力。提高热稳定性的主要途径是加入合金元素 Cr,Si 和 Al,可以在零件的表面生成一层致密而稳定的氧化薄膜(如 Cr_3O_2,SiO_2 和 Al_2O_3),从而能保护金属在高温下不被继续氧化腐蚀。其中,Cr 是提高热稳定性的主要元素,例如往钢中加入质量分数为 5% 的 Cr,其抗氧化温度可达 800℃,加入质量分数为 20% 的 Cr 时,其抗氧化温度可达 1 000℃。

(2)高温强度。高温强度指在高温下材料抵抗变形和断裂的能力,也称热强度。

钢的强度极限是在室温下由拉伸试验测得的。但在高温条件下,由于钢的回复和再结晶引起的软化现象,这会使它的强度发生变化,温度越高,强度越低。因此,在高温条件下长期工作的零件不能用室温下的强度极限作为依据。

高温强度主要用高温短时强度、高温蠕变强度和高温持久强度来衡量。

1)高温短时强度。高温短时强度是通过高温条件下测定的屈服强度和抗拉强度,分别代表材料在高温短时受载时抵抗塑性变形和断裂的能力。例如,$\sigma_{0.2}^{800} = 400$ MPa 表示在 800℃,使材料发生屈服(0.2% 塑性变形)的应力为 400 MPa。

飞机在做猛烈的爬升和转弯等动作时,机上的高温零部件在短时间内会受到很大的载荷,对这些零部件的材料应提出高温短时强度的要求。

2)高温蠕变强度。蠕变现象是指材料受一定温度和载荷作用时,发生的缓慢塑性变形现象。蠕变强度是指材料抵抗蠕变的能力。

蠕变强度的表示方法:在给定温度下,规定时间内,使材料发生一定的蠕变伸长量的应力。例如,$\sigma_{0.2/500}^{700} = 200$ MPa 表示在 700℃,经过 500 h,使材料发生 0.2% 塑性变形的应力为 200 MPa。

3)高温持久强度。持久强度代表材料在高温长时间受载荷作用时抵抗断裂的能力,是钢在某一温度下,经过一定时间后引起断裂的应力值。例如,$\sigma_{600}^{800} = 270$ MPa 表示在 800℃,经过 600 h,使材料发生断裂的应力为 270 MPa。

2.耐热钢

根据耐热钢在正火状态所具有的组织,耐热钢可分为珠光体耐热钢、马氏体耐热钢和奥氏体耐热钢三类。

(1)珠光体耐热钢。珠光体耐热钢含合金元素不大于 5%,正火组织为珠光体,热强度不很高,常用于制造工作温度不高于 600℃、受力较小的锅炉、蒸汽轮机的零部件。

(2)马氏体耐热钢。马氏体耐热钢含 Cr 量不小于 10%,以及 Mo,V 和 Ni 等合金元素,正火组织为马氏体,热强度高,常用于制造工作温度不高于 600℃、受力较大的锅炉、蒸汽轮机的零部件。

(3)奥氏体耐热钢。奥氏体耐热钢含大量的 Cr 和 Ni 等合金元素,总含量超过 20%,正火组织为奥氏体,热强度和热稳定性都很高,可制造在 600~1 000℃ 工作的工业炉、飞机和火箭发动机零部件。

3.高温合金

高温合金是指在 600℃ 以上工作的合金,主要用于制造航空、航天器的高温零部件。

(1)高温合金的分类。高温合金的分类如下:

按基本元素分类:铁基(亦即耐热钢)、镍基和钴基等。

按加工成型方法分类:

1)变形高温合金,塑性较好,可以冲压、锻造成型。

2)铸造高温合金,铸造性能好,适宜铸造成型。

3)粉末冶金高温合金,用粉末冶金方法成型。

(2)牌号表示方法。其牌号表示方法如下:

变形高温合金:GH+4 位数字,GH 后第 1 位表示类型,其中,1,2 代表铁基或铁镍基高温合金;3,4 代表镍基高温合金;5,6 代表钴基高温合金。GH 后 3 位表示合金编号。例如 GH3128,表示镍基高温合金,合金编号为 128;

铸造高温合金:K+3 位数字,例如 K213,表示铁基铸造高温合金,合金编号为 13;

粉末冶金高温合金:在牌号前加 F,如 FGH4095。

(3)高温合金的性能特点。高温合金的耐热性优于一般的耐热钢,新型高温合金的工作温度可达 1 100~1 200℃。高温合金属于难切削材料,虽然其硬度并不很高,但在切削时会产生强烈的加工硬化效应,使得切削力很大,刀具磨损很快。

(4)高温合金在航空上的应用。为了提高航空发动机的性能,必须提高涡轮进口的燃气温度,这就要求提高材料的耐热性。高温合金是制造高性能飞机发动机的关键材料,也是制造火箭发动机的关键材料,主要用于制造燃烧室、涡轮叶片和涡轮盘等。

5.5 铸 铁

1.铸铁的类型

铸铁是含碳量大于 2.11% 的铁碳合金。由于生产成本低,在普通机械工业中应用较广。在铸造中,铁和碳是主要元素,碳在铸铁中通常有两种存在形式:一种是化合物形式的渗碳体 Fe_3C,另一种是游离状态的石墨(常用 G 表示)。

Fe_3C 在一定条件下将发生分解:

$$Fe_3C \rightarrow 3Fe + C(石墨)$$

因此,铸铁根据碳的存在形式分为以下三种类型:

(1)白口铸铁。这种铸铁中的碳主要以 Fe_3C 形式析出,断口呈银白色。由于大量硬而脆的 Fe_3C 存在,白口铸铁的硬度高、脆性大,难以切削加工,工业上很少直接用来制造机械零件,主要用作炼钢的原料。

(2)麻口铸铁。这种铸铁中的碳大部分以 Fe_3C 形式析出,少部分以石墨形式析出,断口灰、白色相间。此类铸铁硬脆性也较大,性能不好,工业上也很少使用。

(3)灰口铸铁。这种铸铁中的碳大部分或全部以石墨 G 的形式析出,断口呈暗灰色。按石墨形态不同,灰口铸铁又可分为灰铸铁、球墨铸铁、可锻铸铁和蠕墨铸铁,如图 5-7 所示。此类铸铁,尤其是灰铸铁,虽然抗拉强度低,塑性和韧性差,但由于其具有优良的铸造性能,工艺简单,成本低,以及良好的切削加工性、减震性等许多优良使用性能特点,广泛应用于机械、冶金和汽车等现代工业中。如按质量统计,在汽车、拖拉机中铸铁件占 $50\%\sim70\%$,机床中占 $60\%\sim90\%$。

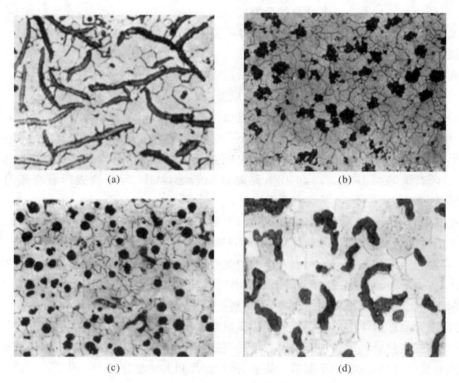

图 5-7 灰口铸铁中石墨形态
(a) 灰铸铁;(b)可锻铸铁;(c)球墨铸铁;(d)蠕墨铸铁

1)灰铸铁,石墨以片状存在于铸铁中;
2)可锻铸铁,石墨以团絮状存在于铸铁中;
3)球墨铸铁,石墨以球状存在于铸铁中,应用最多;
4)蠕墨铸铁,石墨以蠕虫状存在于铸铁中。

2. 灰铸铁的牌号及用途

灰铸铁中片状石墨的强度、塑性和韧性都很差,存在石墨地方就相当于存在孔洞和微裂纹,它不仅破坏了基体的连续性,减少了基体受力有效面积,而且在石墨片尖端处形成应力集中,使材料形成脆性断裂。石墨片的数量越多,尺寸越粗大,分布越不均匀,铸铁的抗拉强度和塑性就越低。灰铸铁的抗压强度、硬度与耐磨性主要取决于基体,石墨存在对其影响不大,故灰铸铁的抗压强度一般是抗拉强度的 3～4 倍。但石墨又给灰铸铁带来一系列优良的性能——良好的铸造性、可切削性、耐磨性、消振性,低的缺口敏感性,这使得灰铸铁在工业上有着广泛的用途。

灰铸铁的牌号由"灰铁"汉语拼音字母字头"HT"＋一组数字组成。数字代表最低抗拉强度的数值。如 HT200:用于制造承受较大负荷的零件,如机床的床身、立柱、汽车缸体、缸盖、轮毂和联轴器等,具体可见表 5-14。

3. 可锻铸铁的牌号及用途

可锻铸铁的牌号由 3 个字母及两组数字组成。前两个字母"KT"(即"可铁"),第三个字母代表可锻铸铁的类别,后面两组数字分别代表最低抗拉强度和延伸率的数值。例如 KTH300-06:表示黑心可锻铸铁,其抗拉强度为 300 MPa,延伸率为 6％,具体可见表 5-14。

应用:管道配件和低压阀门等。

表 5-14　灰口铸铁常见牌号

类别	型　号	σ_s /MPa	σ_b /MPa	δ_5 /(％)	硬度/HB	应　用　举　例
灰铸铁	HT100	100	500		143～229	下水管、外罩等
	HT150	280～100	650		170～229	端盖、轴承座、阀壳、一般机床底座、床身及工作台等
	HT200	320～160	750		163～229	汽缸、齿轮、底座、一般机床床身及液压泵和阀的壳体
	HT250	290～200	1 000		187～229	阀壳、油缸、齿轮、齿轮箱箱体、凸轮、底座、一般机床床身及液压泵和阀的壳体
	HT300,HT350	300～260	1 200		170～197	齿轮、凸轮、车床卡盘、剪床、压力机机身、重载荷机床床身、高压液压泵壳体等
可锻铸铁	KTH300-06	300		6	<150	弯头、三通等管件等
	KTH350-06	350	200	10	<150	汽车、拖拉机前后轮壳、减速器壳、制动器和转向节等
	KTZ450-06	450	270	6	150～200	曲轴、凸轮轴、连杆、扳手、传动链条、矿车轮和犁刀等
	KTZ550-04	550	340	4	180～230	
	KTZ650-02	650	430	2	210～260	
	KTZ700-02	700	530	2	240～290	

续表

类别	型　号	σ_s /MPa	σ_b /MPa	δ_5 /(%)	硬度/HB	应　用　举　例
球墨铸铁	QT400 - 18	400	250	18	130～180	汽车、拖拉机底盘零件、阀体、阀盖和管道等
	QT400 - 15	400	250	15	130～180	
	QT450 - 10	450	310	10	160～210	
	QT500 - 7	500	320	7	170～230	机油泵齿轮
	QT600 - 3	600	370	3	190～270	
	QT700 - 2	700	420	2	225～305	汽、柴油机曲轴、车床主轴、冷冻机缸体和缸盖等
	QT800 - 2	800	480	2	245～335	
	QT900 - 2	900	600	2	280～360	汽车、拖拉机传动齿轮等

4.球墨铸铁的牌号及用途

(1)球墨铸铁的牌号是由"QT"即("球铁")及两组数字组成。两组数字分别代表最低抗拉强度和延伸率的数值。例如 QT400－18：表示球墨铸铁，抗拉强度为 400 MPa，延伸率为18%，具体可见表 5－14。

(2)应用。球墨铸铁的主要特征是石墨呈球状，基体有 F，F＋P 和 P 等几种。在将铁水浇注成铸件时加入球化剂(镁)，能促使石墨成为球状。球状石墨对基体的割裂作用比片状石墨、团絮状石墨的都要轻，故球墨铸铁的强度、塑性和韧性是铸铁中最高的，同时还具有灰铸铁的优点。

高强度铸件，可代替钢制造曲轴、齿轮、汽车轮毂、离合器壳和拨叉等。

习　　题

一、填空题

1.按合金钢的用途来分，合金钢可分为_____、_____和_____三种。

2.工程材料的调质处理实质上是_____加_____的热处理。

3.普通灰铸铁、可锻铸铁和球墨铸铁中，石墨的分布形态是_____、_____和_____。

4.30 钢和 T8 钢的含碳量分别是_____、_____。

5.碳钢中的有益元素主要是_____和_____。有害元素主要有两个，其中影响热脆性的是_____，影响冷脆性的是_____。

6.牌号 T12A 表示_____。

7.不锈钢按化学成分不同可分为_____、_____和_____三类。若按金相组织特点，则可分为_____、_____、_____和_____几种不锈钢。

8.合金结构钢有_____、_____、_____、_____和_____五大类型。

9.合金工具钢分为_____、_____和_____三类。

10.高速钢在 600℃ 以下工作时，仍能保持其硬度，即具有高的_____性。

二、单项选择题

1.工程结构件中应用最多的钢种是_____。

A.碳素结构钢　　　　　　B.不锈钢　　　　　　C.碳素工具钢

2. 下列诸材料中热硬性最好的是_____。

A. T12　　　　　　　　B. 9SiCr　　　　　　　C. W18Cr4V

3. 下列牌号中属于沸腾钢的是_____。

A. Q345B　　　　　　　B. 08F　　　　　　　　C. W6Mo5Cr4V2A

4. 下列钢经淬火后硬度最低的是_____。

A. 20 钢　　　　　　　 B. 40Cr　　　　　　　 C. GCr15

5. 制造汽车的后桥齿轮所选用的材料是_____。

A. 20CrMnTi　　　　　 B. W18Cr4V　　　　　 C. 60Si2Mn

6. 下列合金钢中,耐蚀性最好的是_____。

A. 20CrMnTi　　　　　 B. 1Cr18Ni9Ti　　　　 C. W18Cr4V

7. 下列合金中,含碳量最少的钢是_____。

A. GCr15　　　　　　　B. Cr12MoV　　　　　 C. 1Cr18Ni9Ti

8. 40Cr 钢的碳含量范围是_____。

A. 约 40%　　　　　　 B. 约 4%　　　　　　　C. 约 0.4%

9. 下列诸材料被称为低变形钢,适合用作冷作模具的是_____。

A. 9SiCr　　　　　　　B. CrWMn　　　　　　 C. Cr12MoV

三、简答题

1. 高温性能指标有哪几个? 在航空燃气涡轮发动机上,高温合金主要用来制造哪些零件?

2. 识别下列牌号并说明主要用途。

60Si2Mn,QT900－2,9SiCr,Q345,HT200,Q235A,T12,20CrMnTi 和 W18Cr4V

3. 在下列候选材料中选择最合适的一种材料填入下表。

名　称	候　选　材　料	选　用　材　料
机床床身	T10A, KTZ450－06, HT200	
汽车后桥齿轮	T12,20CrMnTi, 60Si2Mn	
滚动轴承	GCr15, Cr12, QT600－3	
锉刀	T12, W18Cr4V	
汽车板簧	45, 60Si2Mn, T10	
钻头	W18Cr4V,65Mn,20	
耐酸容器	Q235, 1Cr18Ni9Ti, ZGMn13	

4. 将合金结构钢的类型及典型牌号填入下表。

用　途	合金结构钢	
	类　型	典型牌号
广泛用于制造桥梁、船舶、车辆、锅炉、压力容器、起重机械等钢结构件		
制造工作中承受较强烈的冲击作用和磨损条件下的渗碳零件		
用来制造一些受力复杂的重要零件,如机床的主轴等		
主要用于制造各种弹性元件,如制作汽车的减震板弹簧等		
滚动轴承内外圈、滚动体		

5.下列刀具应选用哪种类型的材料制造?

用　途	选用材料
高耐磨、不受强烈振动、有一定韧性,且刃口锋利的工具	
不受冲击的高硬度工具,如丝锥、板牙等	
高速切削的车刀、铣刀、钻头等	

6.识别下列材料牌号:

9SiCr,W18Cr4V,1Cr18Ni9Ti,GCr15,QT600 - 02,T10A,40Cr,20,20Cr,Q235C,T12,Q420,55Si2Mn45 和 HT200

7.下面是关于高温合金热强度的几项性能指标,请说明它们各代表哪一热强度性能。

$\sigma_{0.2}^{800}=400MPa$,$\sigma_{0.2/100}^{700}=290MPa$,$\sigma_{100}^{800}=340MPa$,$\sigma_{-1}^{650}=380MPa$

模块 6 有色金属材料

❖学习目标：

了解有色金属的分类,并能迅速区别铝、镁、钛、铜合金。

❖学习目标：

(1)掌握纯铝及铝合金性能特点和热处理工艺应用；

(2)掌握镁、钛、铜及其合金的性能特点及应用。

金属材料分为黑色金属和有色金属。在 109 种元素中,93 种为金属,16 种为非金属。在 93 种金属中,92 种为有色金属,只有钢铁材料为黑色金属,有色金属即包括钢铁材料以外的所有金属与合金。

有色金属种类很多,按其性质、用途、产量及其在地壳中的储量状况一般分为轻金属、重金属、贵金属、半金属和稀有金属等。

轻金属一般是指密度在 $4.5\ g/cm^3$ 以下的有色金属,有 7 种,包括铝(Al)、镁(Mg)、钠(Na)、钾(K)、钙(Ca)、锶(Sr)和钡(Ba)。这类金属的共同特点:密度小,化学活性大,与氧、硫、碳和卤素的化合物都非常稳定。

重金属一般是指密度在 $4.5\ g/cm^3$ 以上的有色金属,有 12 种,它们是铜(Cu)、铅(Pb)、锌(Zn)、镍(Ni)、钴(Co)、锡(Sn)、镉(Cd)、铋(Bi)、锑(Sb)、汞(Hg)、锰(Mn)和铬(Cr)。

稀有金属通常是指那些自然界中含量很少,分布稀散或难以从原料中提取的金属,又可细分为稀有轻金属(4 种)、稀有高熔点金属(9 种)、稀土金属(17 种)和稀有放射性金属(25 种)。

贵金属一般价值比较高,在地壳中含量少,开采和提取比较困难,故价格均比一般金属贵,有 8 种,它们是金(Au)、银(Ag)、铂(Pt)、铱(Ir)、锇(Os)、钌(Ru)、钯(Pd)和铑(Rh)。这类金属化学性质稳定,密度大,一般在 $10.4\sim22.4\ g/cm^3$。

半金属是指其物理化学性质介于金属与非金属之间,有 6 种,它们是硅(Si)、硒(Se)、碲(Te)、砷(As)、硼(B)和砹(At)。

与钢铁材料等黑色金属相比,有色金属具有许多优良的特性,在现代制造工业中的应用也越来越广泛。例如,铝、镁、钛及其合金相对密度小、比强度高,因而广泛用于航空、航天、汽车、船舶等领域；铜、银、铝及其合金导电性和导热性优良,是电器仪表和通信领域不可缺少的材料；钨、钼、铌、镍、钴及其合金熔点高、耐高温性能好,是制造高温零件和电真空元器件的优良材料；铜和钛及其合金还具有优良的抗腐蚀性能,广泛用于石油化工和航海工业领域。

有色金属具有钢铁材料所不具备的上述独特性能,但大多数有色金属化学性质活泼,冶炼困难,冶炼成本高于钢铁,因而某些时候限制了其应用。常用的有色金属有铝及铝合金、铁及铁合金、钛及钛合金、铜及铜合金等。

6.1 铝及铝合金

铝为银白色,具有光泽,为地壳中含量最高的金属元素,在地球上的储存量比铁还要多。在有色金属中,铝及铝合金是应用最广的金属材料,目前铝的产量仅次于钢铁。

铝及铝合金具有以下特点:

(1)密度小、比强度高。纯铝的密度为 2.7 g/cm³,约为铁的1/3。铝合金的密度与纯铝相近,强化后的铝合金与低合金高强度钢的强度相近,但是铝合金的比强度要比一般的合金钢高许多(超高强度钢例外)。

(2)导电性好。铝的导电性仅次于银、铜、金,在室温下电导率约为铜的 64%。

(3)耐大气腐蚀。铝及铝合金具有相当好的抗大气腐蚀能力。

(4)可加工性能良好。铝及铝合金(退火状态)的塑性非常好,容易冷加工成形。铝及铝合金的切削性能很好,铸造铝合金的铸造性能也极好。部分铝合金经热处理后可以获得很高的强度。

另外,铝及铝合金的磁化率也极低,接近于非铁磁性材料。

由于上述优点,铝及铝合金广泛用于电气、汽车、车辆、化工等部门,也是航空和航天工业的主要结构材料。

6.1.1 工业纯铝

1.物理化学性能

纯铝为银白色的轻金属,密度为 2.7 g/cm³(仅为钢的1/3);熔点为 660℃,结晶后具有面心立方晶格,无同素异晶转变现象;导电性和导热性良好。

纯铝的化学性质很活泼,在空气中易与氧结合,表面形成一层致密紧固的 Al_2O_3 氧化膜,可保护内层金属不再继续被氧化,故铝在大气中显示出较好的耐蚀性,但不耐酸、碱、盐腐蚀。

2.力学性能

纯铝强度很低,80 MPa$\leqslant\sigma_b\leqslant$100 MPa;塑性很高,35%$\leqslant\delta\leqslant$40%,70%$\leqslant\psi\leqslant$90%;硬度很低;不能通过热处理强化,合金化和冷变形是提高其强度的主要手段,经冷变形后强度可提高到150~250MPa,塑性则下降为原来的 50%~60%。

3.分类及牌号

纯铝按纯度一般分为以下三类:

(1)高纯铝:纯度为 99.3%~99.99%,主要用于科学研究及制作电容器等。

(2)工业高纯铝:纯度为 99.85%~99.9%,用于制作导线、包装用的铝箔、包铝及冶炼铝合金的原料。

(3)工业纯铝:纯度为 98%~99%,强度低、塑性好,加工硬化后强度可显著提高,但塑性下降明显。

工业纯铝的牌号为 1070A,1060 和 1050A(GB/T 3190-1996)等,产品有半成品铝锭和压力加工成的线、板、带、棒、管等型材,代替贵重的铜制成导线、配制铝合金以及制作一些器皿、垫片等。

因纯铝强度低,一般不用作结构件。纯铝铆钉剪切强度低,用于飞机非结构件的连接。

6.1.2 铝合金

为了提高纯铝的强度,将铝与合金元素(Cu,Mg,Zn,Mn 和 Si 等)进行合金化,即得到铝合金。铝中加入合金元素后,可获得较高的强度,并保持良好的加工性能。铝合金进行冷变形加工或热处理后,σ_b 可达 $400 \sim 700$ MPa,可用于制造承受较大载荷的机器零件和构件,如汽车发动机汽缸体、汽缸盖、汽车车轮等,飞机蒙皮、翼梁等。

1.铝合金的分类

(1)铝合金分类。根据铝合金的成分及生产工艺特点,将铝合金分为变形铝合金和铸造铝合金两大类。

纯铝中加入 Cu,Mg,Zn,Mn 和 Si 等合金元素后,常得到部分互溶的共晶类二元平衡图,如图 6-1 所示,D 点是合金元素在铝中的最大溶解度,DF 是溶解度曲线,当合金中元素超过 D',则合金中将出现共晶组织,流动性好,适合铸造。当合金元素含量低于 D' 时,加热到 DF 线以后就获得单相固溶体,压力加工性能好。因此,以 D' 点为界,铝合金分为变形铝合金和铸造铝合金。

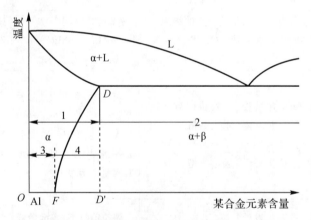

图 6-1 铝合金二元相图

1—变形铝合金;2—铸造铝合金;3—非热处理强化铝合金;4—热处理强化铝合金

在变形铝合金中,F 点左边的合金,从高温到室温组织不发生变化,因此不能用热处理来强化,F 点与 D' 点之间的合金,在冷却时固溶体中有析出过程,有可能产生热处理强化(即析出强化),因而以 F 点为界,变形铝合金分为不可热处理强化铝合金和可热处理强化铝合金。铝合金具体分类如图 6-2 所示。

(2)铝合金的牌号。

1)变形铝合金。航空上通常采用美国铝业协会(AA)标准,铝或铝合金的牌号用四位数字表示。我国分类方法与之基本相同,第一位和第三位、第四位也用数字表示,只是第二位采用英文字母,具体含义见表 6-1。

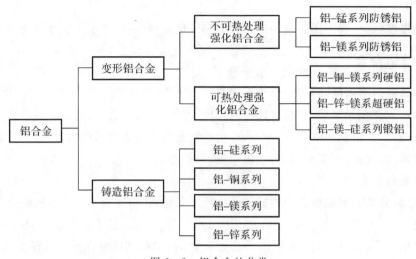

图 6-2　铝合金的分类

表 6-1　变形铝合金牌号表示方法

位　数	美国铝业协会（AA）标准		我国标准 GB/T 16474—1996	
	纯铝	铝合金	纯铝	铝合金
第一位	阿拉伯数字，表示纯铝及铝合金的组别。1 表示铝含量不小于 99.00% 的纯铝；2～9 表示铝合金，按下列主要元素划分：2—Cu，3—Mn，4—Si，5—Mg，6—Mg＋Si，7—Zn，8—其他元素，9—备用组			
第二位	阿拉伯数字，表示合金元素或杂质极限含量控制。0 表示其杂质极限含量无特殊控制；1～9 表示受控杂质或合金元素的个数	阿拉伯数字，表示改型情况。0 表示原始合金；2～9 表示改型合金	英文大写字母，表示原始纯铝的改型情况。A 表示纯铝；B～Y 表示原始纯铝的改型，其元素含量略有变化	英文大写字母，表示原始合金的改型情况。A 表示原始合金，B～Y 表示原始合金的改型，其化学成分略有变化
最后两位	阿拉伯数字，表示最低铝百分含量（99.××%）中小数点后面两位	阿拉伯数字，无特殊意义，仅用来识别同一组中的不同合金	阿拉伯数字，表示最低铝百分含量（99.××%）中小数点后面两位	阿拉伯数字，无特殊意义，仅用来识别同一组中的不同合金

2）铸造铝合金。汉语拼音字母加数字"ZL1××"～"ZL4××"表示，其中"ZL"表示铸造铝合金。第一位数字代表不同的主要合金元素，1—铝硅合金，2—铝铜合金，3—铝镁合金，4—铝锌合金。最后两位数字无特殊含义，只用来识别同一组中的不同合金，若数字后面还有字母，则表示对该合金的改型。

2.变形铝合金

变形铝合金的编号采用汉语拼音字母加顺序号表示。防锈铝合金用"铝"和"防"两字的汉语拼音第一个字母"L"和"F"加顺序号表示，如"5 号防锈铝"用 LF5 表示。硬铝、超硬铝和锻造铝合金按同样的原则。常用变形铝合金的性能和用途见表 6-2。

表 6-2　常用变形铝合金的性能和用途

类别	新牌号	原牌号	性能特点	用途
防锈铝合金	5A02	LF2	不能时效强化,强度较低(120 MPa≤σ_b≤280 MPa),耐腐蚀性好,塑性和可焊性好	制造要求耐腐蚀、但受力不大、轻质的非结构件,如散热器片,飞机的油箱、油管、防锈蒙皮,以及日用器具等
	5A11	LF11		
	3A21	LF21		
硬铝	2A01	LY1	可以时效强化,强度高(300 MPa≤σ_b≤460 MPa),但耐腐蚀性较差	制造受力较大、轻质的结构件,如飞机的骨架、蒙皮、铆钉等,汽车的汽缸体、汽缸盖、变速器壳体和支柱等
	2A11	LY11		
	2A12	LY12		
超硬铝	7A04	LC4	可以时效强化,在铝合金中属强度最高的一类(σ_b=680 MPa),但耐腐蚀性差	制造轻质高强结构件,如汽车车轮,飞机的承力梁、螺旋桨和轻型飞机的起落架等
锻铝	2A50	LD5	具有良好的可锻性,可以时效强化,强度与硬铝相当(300 MPa≤σ_b≤430 MPa),耐腐蚀性较好	制造高强度的轻质锻件,如飞机螺旋桨、压气机叶片、框架,汽车发动机活塞等,也用于生产建筑铝合金型材
	6061	LD30		

(1)防锈铝。防锈铝合金主要有 Al-Mn(3×××)和 Al-Mg(5×××)系铝合金。这两系列铝合金由于加入了 Mn,提高了合金的耐腐蚀能力,并且大部分 Mn 溶于固溶体中,起到固溶强化的作用,而加入 Mg 用于固溶强化和降低铝合金密度。

防锈铝合金强度高于纯铝,耐腐蚀性能好,有良好的塑性和焊接性,不能热处理强化,可通过加工硬化来提高强度和硬度。防锈铝合金主要用于制造容器、管道、蒙皮及需要拉伸、弯曲的非结构件和制品。

Al-Mn 系合金:有少量 Mn,抗腐蚀性能接近纯铝,塑性好,焊接性能好,但强度很低,仅限非结构件,常用牌号为 3A21,在飞机上主要用来制造油箱、油管和铆钉等,汽车上主要用来制造散热器片。

Al-Mg 系合金:有少量 Mg 和 Cr,性能与 3A21 相似,但因为 Mg 的固溶强化效果比较明显,所以强度较高,加工硬化后强度可达 280 MPa,但也只做非结构件,如飞机油箱、防锈蒙皮、液压管、铆钉和中等强度的冷压、焊接结构件等。5A30(5456)是 Al-Mg 系中强度最高的合金,具有高的耐腐蚀性能,但不能在应变硬化状态下用于温度高于 100℃的场合,因为这会增加对应力腐蚀开裂的敏感性。

(2)硬铝。Cu 是主要合金元素,并加入一定量的 Mg,即 2××× 系铝合金。加入 Cu 和 Mg 是为了在时效过程中产生强化相 AlCu2 和 Al2CuMg(S)等,Mg 含量越高,时效强化处理效果越显著,即强度越大。加入少量 Mn 可以提高硬铝的耐腐蚀性能,并起到一定的固溶强化作用。

硬铝合金密度小而强度较高,密度约为 2.8 g/cm³,抗拉强度在淬火时效后可达到 460 MPa,而且韧性和抗疲劳性能较好,特别是自然时效状态比人工时效状态的抗疲劳性能更好,断裂韧性更高。它还具有良好的塑性,可进行压力加工。另外,硬铝在淬火后有一个时效孕育期,可进行变形加工再时效。

硬铝是航空工业中使用最早、最广泛、最重要的一类合金,主要用于飞机构架、螺旋桨和叶片等,尤其是用在疲劳问题比较突出的部位,如机翼下翼面的蒙皮和桁条、水平尾翼上翼面的蒙皮和桁条、机身蒙皮等。

1)低合金硬铝。低合金硬铝中的 Cu 和 Mg 的含量较低,塑性好,强度低,例如 2A01(2217)等。采用固溶时效处理和自然时效提高其强度和硬度。低合金硬铝主要用于制作铆钉,常称为铆钉硬铝。

2)标准硬铝。标准硬铝中的 Cu 和 Mg 的含量中等,强度和塑性中等,例如 2A11(2017)等。标准硬铝退火后冷变形加工性能好,时效后切削加工性能也比较好。标准硬铝的热处理方法是淬火后在室温下自然时效,孕育期 2 h。标准硬铝主要用于轧材、锻材、冲压件和螺旋桨叶片及大型铆钉等重要零件。

3)高合金硬铝。高合金硬铝中含有较多的 Cu 和 Mg 元素,具有较高的强度和硬度,塑性及变形加工性能较差,例如 2A12(2024)等。高合金硬铝的热处理是淬火后在室温下经 4～5天自然时效,可得到较高的抗拉强度和韧性。高合金硬铝若淬火后人工时效,则可得到较高的屈服强度和耐腐蚀性能。高合金硬铝在淬火后在室温下有 1.5 h 的孕育期,可在这段时间内进行变形加工。高合金硬铝通常用来制造蒙皮、大梁、隔框、翼肋等主要受力结构件以及重要的销、轴等零件。

硬铝合金在使用中必须注意一些问题,具体如下:

1)抗腐蚀性能差。硬铝合金对应力腐蚀、晶间腐蚀都比较敏感,因为合金中含有较高的 Cu,而含 Cu 固溶体和化合物的电极电位比晶粒边界高,会促进晶间腐蚀,因此使用时应进行防腐蚀保护,如包覆纯铝。

2)焊接性能差。硬铝合金熔焊时有形成结晶裂缝的倾向,因此飞机上硬铝零件的连接大都采用铆接。

3)淬火温度范围窄。硬铝合金的淬火温度误差在 5～10℃范围内,低于要求温度,得到的固溶体饱和度不足,不能发挥最佳的时效效果;高于要求温度,则会产生晶界融化。因此,淬火时温度的控制比较困难。

4)硬铝合金淬火处理时,从炉中到淬火介质中的转移时间不能过长(一般不超过 15 s),目的是得到细化的晶粒,否则,会降低材料的抗晶间腐蚀能力。

(3)超硬铝。为了进一步提高铝合金的强度,在硬铝的基础上加入 4％～8％ 的 Zn,形成的 Al - Zn - Mg - Cu 合金称为超硬铝合金,即 7××× 系铝合金。超硬铝合金主要通过固溶强化与时效强化处理来提高强度,属于高强度变形铝合金。

7A04 是室温强度最高的铝合金,淬火时效后抗拉强度可达到 680 MPa。7A04 是我国比较成熟和在飞机上广泛应用的超硬铝,常用来制造要求屈服强度高的飞机结构件,如机翼蒙皮、桁条和隔框等,甚至可代替部分超高强度钢制造起落架、机翼和大梁。其缺点是应力腐蚀倾向大,缺口敏感性大。

美国 7075 在 T6 热处理状态下具有最高强度,抗拉强度可达 580 MPa,但其断裂韧性低,抗应力腐蚀能力差,缺口敏感性也较大,一般不用于低温场合。在 T73 热处理状态下,抗拉强度和屈服强度均比 T6 状态低,但抗应力腐蚀能力提高,缺口敏感性降低。为了防止被腐蚀,7075 材料的零件表面应有保护层。

与 2024 硬铝合金相比,7075 超硬铝的强度极限和屈服极限都比较高,但它的断裂韧性和抗疲劳性能并没有随着强度性能的改善而成比例提高,缺口敏感性也较大。因此,在飞机结构件中,以承受拉应力为主,而要求具有较好抗疲劳性能的机翼下翼面的长桁、蒙皮和机身蒙皮一般都采用 2024 材料制成。7075 强度高,而且屈服极限高,可以提高结构件承压失稳的能力,因此承受载荷较大,有要求具有较高失稳应力的构件一般用 7075,比如机翼大梁,机翼上翼面的蒙皮、桁条,机身的桁条、隔框、翼肋、主要接头等。

在热处理方面,超硬铝合金与硬铝合金相比较,淬火温度范围要宽一些,且超硬铝合金通常采用人工时效,这是因为超硬铝合金自然时效的时间很长,要经过 50～60 天才能达到最大强化效果,且自然时效具有较大的应力腐蚀倾向。

(4)锻造铝合金。锻造铝合金是 Al-Mg-Si-Cu 系(2×××,6×××)铝合金,合金元素较多,但含量较低,因此加热时有良好的塑性,便于锻造成型,铸造性和耐腐蚀性也比较好。硬度与硬铝合金相近,经淬火和人工时效后可获得最大的强化效果,因此一般采用淬火和人工时效。

锻造铝合金主要适宜锻造、模压和其他压力加工方法来生产形状较为复杂的零件,主要用作复杂、承受重载荷、对耐腐性要求较高的航空及仪表锻件和模锻件,如发动机的一些零件,直升机桨叶、摇臂、框架和接头等,也可作耐热合金(工作温度为 200～300℃),如内燃机活塞及汽缸头等。

近年来还开发了新型的 Al-Li 合金,Li 的加入使铝合金密度降低 10%～20%,并且 Li 对 Al 的固溶强化和时效强化效果十分明显。Al-Li 合金具有密度低、比强度高、比刚度大、疲劳性能良好、抗腐蚀性及耐热性好等优点,比强度和比刚度大于硬铝合金,用于制造飞机结构件可使飞机减重 10%～20%,已达到部分取代硬铝合金和超硬铝合金的水平,是航空、航天等工业的新型结构材料,已经在飞机和航天器中有部分应用,具有极大的技术经济意义。

3.铸造铝合金

铸造铝合金的特点是铸造性能好,可进行各种成型铸造。其缺点是容易吸收气体形成气孔,组织比较粗大,塑性、韧性不如变形铝合金。其优点是密度小、比强度较高,具有较高的抗腐蚀性能和耐热性能,还可通过热处理等方式改善其力学性能。同时,冶炼工艺和设备比较简单,因此成本低,尽管其力学性能不如变形铝合金,但仍在许多工业领域有着广泛的应用。铸造铝合金主要用来制造形状复杂、受力较小的零件,如油泵等附件壳体和仪表零件、发动机机匣和附件壳体等。

铸造铝合金的种类很多,主要有 Al-Si 系、Al-Cu 系、Al-Mg 系及 Al-Zn 系四种(见表 6-3),其中 Al-Si 系应用最为广泛。

(1)Al-Si 系铸造铝合金。Al-Si 系铸造铝合金的特点是具有极好的铸造性能,收缩小,铸件气密性好且耐腐蚀,常用于浇铸或压铸密度小而质量轻并具有一定强度和复杂形状的中小型零件,尤其是薄壁零件,如仪器仪表和抽水机壳体等。

由 Si 和 Al 两种元素组成的铝合金称为简单硅铝明,典型牌号为 ZL102,铸造性能很好,焊接性能好,并具有相当好的抗腐蚀性能和耐热性能,但它不能进行热处理强化,因此强度不高。ZL102 铸造后几乎全部是粗大的针状共晶组织,这会使合金的力学性能降低,因此在生产中必须采用变质处理。ZL102 经变质处理后,σ_b 不超过 180 MPa,因此适用于制造形状复杂但强度要求不高的铸件,如仪表外壳、水泵壳以及一些承受低载荷的零件。

为了进一步提高铝硅合金的强度,加入 Mg,Cu 和 Mn 形成强化相,制成复杂的硅铝明。这样的合金在变质处理后还可进行淬火时效,以提高强度、耐热性及耐磨性。

ZL101 和 ZL104 中含有少量镁,可以生成 Mg_2Si 强化相,所以除变质处理外,还可以进行淬火及人工时效处理。经热处理后,其 σ_b 可达 $200\sim230$ MPa,可用来制造低强度的、形状复杂的铸件,如电动机壳体、汽缸体以及一些承受低载荷的零件等。

加入 Mg 和 Cu 的硅铝合金(如 ZL108 和 ZL109 等),相对密度小,抗腐蚀性能好,强度、硬度较高,耐磨性、耐热性及铸造性能都比较好,可用于制造发动机活塞。

表 6-3 常用铸造铝合金的牌号、性能特点和用途

类 别	牌 号	代 号	性能特点和用途
铝硅合金	ZAlSi7Mg	ZL101	130 MPa$\leqslant\sigma_b\leqslant$230 MPa,1%$\leqslant\delta\leqslant$4%,铸造工艺性好,可用于生产在 200℃ 以下工作的各种复杂轻质铸件,如油泵壳体、内燃机气缸体和仪器零件等
	ZAlSi2	ZL102	
	ZAlSi9Mg	ZL104	
铝铜合金	ZAlCu5Mn	ZL201	160 MPa$\leqslant\sigma_b\leqslant$290 MPa,4%$\leqslant\delta\leqslant$8%,力学性能较高,耐热性好,可用于生产在 300℃ 以下工作的各种复杂轻质铸件。如内燃机的汽缸头和活塞等
	ZAlCu10	ZL202	
铝镁合金	ZAlMg10	ZL301	140 MPa$\leqslant\sigma_b\leqslant$280 MPa,1%$\leqslant\delta\leqslant$10%,力学性能较高,耐腐蚀,可用于生产与海水和氨气接触的轻质铸件
	ZAlMg5Si	ZL303	
铝锌合金	ZAlZn11Si7	ZL401	$\sigma_b=$235MPa,$\delta=$4%,力学性能较好,铸造性好,可用于生产在 200℃ 以下工作的各种复杂轻质铸件

(2)Al-Cu 系铸造铝合金。Al-Cu 系铸造铝合金有较好的高温性能,耐热性是铸铝合金中最高的,且具有较高的强度和塑性。但是 Al-Cu 系铸造铝合金的铸造性能和抗腐蚀性能差,且密度大,有热裂和疏松倾向。Al-Cu 系铸造铝合金常用牌号有 ZL201,ZL202 和 ZL203 等,主要用于制造要求高强度、高耐热的零件,如活塞和内燃机汽缸头等。

(3)Al-Mg 系铸造铝合金。Al-Mg 系铸造铝合金密度小(2.25 g/cm^3),耐腐蚀性能最好,强度可达 350 MPa,但铸造性能差,耐热性差,工作温度不超过 200℃。Al-Mg 系铸造铝合金常用牌号有 ZL301 和 ZL302,多用于制造在腐蚀介质下工作,能承受冲击载荷、外形不太复杂的零件,如汽车自动变速器阀体和泵体等。

(4)Al-Zn 系铸造铝合金。Al-Zn 系铸造铝合金热稳定性和铸造性能都比较好,且价格便宜,缺点是抗腐蚀性能较差,常用牌号为 ZL401,用于制造形状较复杂的零件,如用于汽车发动机零件、飞机零件、医疗器械和仪器零件、日用品等。

6.1.3 铝合金的热处理

为获得优良的综合机械性能,铝合金在使用前一般需要进行热处理,主要工艺方法有退火、淬火和时效等。

1. 变形铝合金的热处理

(1)退火。铝合金退火的目的是降低强度、硬度,提高塑性,便于冷变形加工,通常有完全退火和不完全退火。

1)完全退火。完全退火也叫再结晶退火,适用于所有变形铝合金,即将经过冷变形的半成品零件加热到再结晶温度以上,保温一段时间后空冷,目的在于消除加工硬化效应,改善铝合金的塑性,以便继续进行冷变形加工。

飞机蒙皮钣金件、导管等形状复杂,往往要经过几次冷压加工成型。若冷压加工后,由于加工硬化,塑性降低,强度提高,难以继续加工成型,就要进行再结晶退火。

2)不完全退火。不完全退火也叫低温去应力退火,即将冷变形加工的成品零件在再结晶温度以下保温空冷,目的是消除冷变形产生的内应力,同时又保持一部分加工硬化带来的高强度,并使塑性得到一定程度恢复,可以再进行少量变形加工。

对于不能进行热处理强化的铝合金,冷变形加工后,要在保持加工硬化效果的基础上消除内应力,可以进行去应力退火。

(2)淬火和时效。

1)固溶(淬火)处理。铝合金的固溶处理(淬火)的目的是为了获得过饱和的铝基固溶体,以便后续的时效来提高它的强度和硬度。

常温下,铝合金的组织是由 α 和 β 两种基本相组成。随着温度的升高,合金元素在 α 固溶体中的溶解度加大,加热到一定温度(临界温度以上),β 相全部溶解到 α 固溶体中。这时,再将铝合金从高温迅速(水冷)冷却到室温,合金元素来不及从 α 相中析出,于是形成了过饱和的 α 固溶体。这种固溶体强度比退火状态略高一些,而塑性仍然很好,所以淬火状态的铝合金仍可以进行冷变形加工。

以 Al-Cu 合金为例,室温时,Cu 在 α 固溶体中的最大溶解度为 0.5%,加热到 548℃ 时极限溶解度为 5.65%;将 4%Cu 的 Al-Cu 合金加热到 550℃ 保温一段时间后,在水中快速冷却时,强化相 $CuAl_2$ 来不及析出,在室温下得到过饱和 α 固溶体,其抗拉强度为 250 MPa(未淬火时仅为 200 MPa)。

2)时效强化。经过固溶处理的铝合金,在一定的温度下,由于过饱和固溶体不稳定,有分解出第二相而过渡到相对稳定的趋势。在室温下长时间的搁置或在一定温度保温足够的时间,强度会随时间推移逐渐升高,这种现象称为时效强化(见图 6-3)。由此可见,铝合金的热处理强化是通过固溶强化和时效强化达到的,而且时效强化的效果最为显著。固溶强化主要是为时效强化做组织准备。

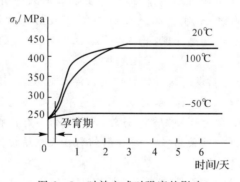

图 6-3　时效方式对强度的影响

根据时效温度的不同,时效强化可分为自然时效和人工时效。

自然时效就是把固溶处理后的铝合金放在室温下进行时效(时效温度约为 20℃)。这种时效进行较慢,要经过 4~5 天后,强度可接近最高值,如 ZA12-T42 状态,指 ZA12 材料经固溶处理,在室温下放置 96 h,此时强度和硬度明显提高。自然时效在开头的几个小时内,铝合金的强度无明显增加,称为"孕育期"。生产上常利用孕育期对铝合金进行各种冷变形加工,或对冷变形产品进行校正。

人工时效就是将淬火后的铝合金加热到一定温度并保温一段时间进行时效。人工时效进程较快,时效温度越高,时效过程进行得越快,但最后铝合金达到的强度值没有自然时效高。如 7A09(7075)-T62 状态,指 7A09 材料经固溶处理后,在 120℃ 保温 24 h,然后空冷,使其强度和硬度明显提高。

若时效温度过高,或在一定温度下时效时间过长,不能得到最高强度和硬度的时效,则称为过时效。超硬铝合金进行过时效处理的目的是改善耐应力腐蚀或晶间腐蚀的性能。如7A09(7075)-T73 状态,指 7A09 材料经固溶处理后,在 107℃ 保温 8.5 h 后继续升温到 176℃并保温 10.5 h,然后空冷,又称为二级时效,与 T62 状态相比,其抗拉强度降低了约 13%,但耐应力腐蚀或晶间腐蚀能力大大提高。

在 -50℃ 时效,时效过程基本停止,各种性能没有明显变化,所以降低温度是抑制时效的有效办法。生产中,某些需要进一步加工变形的零件,如铝合金铆钉等,可在淬火后于低温状态下保存,使其在需要加工变形时仍具有良好的塑性。

冰箱铆钉

飞机的蒙皮都是用铆钉铆接在骨架上的,在铆接的时候,要求铆钉强度低、塑性高(易于铆接),而在铆接后又希望它具有高强度。

❖**思考:**

如何解决这个加工性能和使用性能的矛盾?

"冰箱铆钉"是一种用可以自然时效的铝合金(如 2A12 等)制成的铆钉。使用前先将其固溶处理(淬火),然后立即放入冰盒中保存(延迟时效硬化)。在低温环境中铆钉不会发生时效强化,处于低强度、高塑性状态(适合于铆接)。使用时,从冰箱中取出铆钉,在一定时间内进行铆接。铆接后,铆钉在常温会发生自然时效而强化。

❖**思考:**

使用冰箱铆钉时应当注意什么?

每次施铆前从冰箱中取出铆钉应尽快施铆,即要求在时效孕育期内完成铆接(对于 2017铆钉应在冰箱中取出 1 h 内铆好,对于 2024 铆钉应在 15 min 内铆好),否则必须重新热处理。施铆后剩余的铆钉必须重新进行热处理,并在淬火后立即再次放入冰箱冷冻贮存。

外场铆钉

这种铆钉由 2117 铝合金制成。这种铆钉即使在淬火时效后,仍具有足够的塑性完成对铆钉的铆打。因此,它的热处理在制造厂家完成,铆接前不需要再进行热处理(即时可用),使用非常方便,适合于外场修理,称为外场铆钉。另外,这种铆钉具有较高的剪切强度和良好的耐腐蚀性能,能与很多类型的金属一起使用。因此,这种铆钉在飞机结构件上得到了广泛的应用。

2.铸造铝合金的热处理

铸造铝合金热处理的目的主要是改善铸件的组织和稳定尺寸,同时改善其切削性能。除少数铝合金外,大多数铝合金可通过时效等热处理手段来提高机械性能。铸件经过适当的热处理后,抗拉强度可提高 50%～100%,同时塑性也得到改善。

由于铸件形状复杂,铸造组织粗大,偏析严重,与变形铝合金相比,铸造铝合金的热处理有两个特点:一是固溶处理和时效处理保温时间长;二是淬火液的温度要求比较高,以免冷却速度太快导致铸件变形和开裂。铸造铝合金一般都采用人工时效,在实际工程应用中,通常根据使用性能的要求来选择具体的热处理工艺规范。

3. 铝合金的基本状态

(1)铝合金的强化。铝具有面心立方晶格结构,无同素异晶转变,因此,铝具有与钢完全不同的强化原理。

1)固溶强化。纯铝中加入合金元素 Cu,Mg,Zn,Mn 和 Si 等,形成铝基固溶体,造成晶格畸变,阻碍位错的运动,起到固溶强化的作用,由此可以提高铝的强度。

2)时效强化。单纯靠固溶作用对铝合金的强化作用是很有限的,因此铝合金要想获得较高的强度,还得配合其他强化手段,沉淀强化便是其中的主要方法之一。通过热处理实现的强化方式也称时效强化。利用合金元素在铝中具有最大溶解度,且溶解度随温度降低而急剧减小的特点,将铝合金加热到某一温度后快速冷却(通称淬火),得到过饱和固溶体,再将这种过饱和铝基固溶体放置在室温或加热到一定温度,基体中可沉淀出弥散强化相,使合金的强度和硬度随时间的延长而增高,但塑性、韧性降低,人们将这个过程称为时效。

3)过剩相强化。当合金元素加入量超过极限溶解度时,合金固溶处理时就有一部分第二相不能溶入固溶体,这部分第二相称为过剩相。过剩相一般为强硬脆的金属间化合物,当其数量一定且分布均匀时,对铝合金具有较好的强化作用,但会使合金塑性、韧性下降,数量过多会增大铝合金的脆性,且也会使铝合金的强度下降。

4)形变强化。对铝合金进行冷塑性变形,利用金属的加工硬化效应提高合金强度。这给不能热处理强化的铝合金提供了强化方法。

5)细化组织强化。许多铝合金组织都是由 α 固溶体和过剩相组成的。若能细化铝合金的组织,包括细化 α 固溶体或细化过剩相,这既提高合金的强度,还可以改善铝合金的塑性和韧性。

对于不能热处理强化或热处理强化效果不明显的铝合金,常采用加入微量合金元素(通称变质剂)进行变质处理而细化组织的方法来提高铝合金的强度和塑性。

如图 6-4 所示,铝与硅形成二元相图,共晶成分含 11.7%Si,共晶温度 577℃。一般情况下,简单硅铝合金铸造后的组织为粗大针状硅与铝基固溶体组成的共晶体(α+Si),机械性能不高。变质处理后,共晶点移向右下方,使合金进入亚共晶区,避免初晶硅的形成,同时细化共晶组织,提高其力学性能。

例如,含 Si 大于 6%的铝合金浇注厚壁铸件时容易出现粗大的片状硅晶体(硬脆相),会严重降低合金的力学性能($130\ \text{MPa} \leqslant \sigma_b \leqslant 140\ \text{MPa}$,$1\% \leqslant \delta \leqslant 2\%$)。因此一般要进行变质处理,即在浇注前向熔融合金加入 2%~3%的钠盐或钾盐作为变质剂,使初晶硅消失,促进单晶硅形成,阻碍晶体长大,使硅晶体成为极细的粒状,均匀分布在铝基体上,使合金的力学性能显著提高($\sigma_b = 180\text{MPa}$,$\delta = 8\%$)。

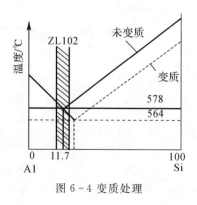

图 6-4 变质处理

（2）铝合金热处理状态表示法。铝合金热处理状态表示法如下：

O——退火状态。

F——铝合金处在制造状态下（对热处理未加控制），对于铸铝表示材料处于铸造状态，即自由加工状态。

T——后面的数字表示可热处理强化铝合金的热处理状态，具体如下：

T3：固溶处理后冷作硬化和自然时效，只有供货厂提供的材料有这种状态。

T31：固溶处理后通过矫平拉伸冷作硬化后自然时效，2A12铆钉是一种典型的应用。

T3511：固溶处理，通过拉伸来消除内应力，并允许略加矫直，然后自然时效，一般应用于2A12挤压型材。

T42：由用户进行固溶处理和自然时效达到基本稳定状态，适用于2A12-O和6061-O铝合金。

T6：固溶处理后人工时效，冷作产生的影响不大。

T62：由用户进行固溶处理和随后的人工时效。

T73：固溶处理和过时效，适用于7×××铝合金。

航空公司可进行的热处理只有T42，T62和T73。

（3）铝合金的加工硬化表示法。对于不可热处理强化而通过冷变形强化的铝合金，用字母"H"和后面的一位或几位数字表示其强化处理状态。

H1×——冷加工达到所需尺寸产生加工硬化。第二位数字表示硬化程度，如H12——1/4硬化，H14——半硬化，H16——3/4硬化，H18——完全硬化，H19——超硬化。

H2×——冷加工产生加工硬化后，不完全退火。第二位数字表示硬化程度，同H1×。

H3——应变强化，并进行消除内应力的稳定化处理。

6.1.4 铝合金在航空工程中的应用

1. 铝合金在MD-82飞机上的应用

铝合金在MD-82飞机上的应用见表6-4。

表6-4 铝合金在MD-82飞机上的应用

典型结构	零件	合金牌号及热处理状态	典型结构	零件	合金牌号及热处理状态
主起落架	安装接头	7075-T73锻件	水平尾翼	蒙皮	7075-T73
机身	蒙皮	2014-T6，2024-T351		肋腹板、梁腹板	7075-T6
	长桁、框	7075-T6		梁缘条	7075-T73
机翼	梁腹板、翼肋腹板、翼肋缘条	7075-T6	垂直尾翼	蒙皮	2014-T6，7075-T6，2024-T6
	下蒙皮	2024-T3		梁缘条、长桁	2014-T6
	上下翼面长桁	7075-T6		梁腹板、肋	7075-T6
	上蒙皮	7075-T6			

2.铝合金在波音 707,727,737 和 747 飞机上的应用

铝合金在波音 707,727,737 和 747 飞机上的应用见表 6-5。

表 6-5　铝合金在波音 707,727,737 和 747 飞机上的应用

典型结构	零件	合金牌号及热处理状态	典型结构	零件	合金牌号及热处理状态
机身及机翼	隔框、紧固件	7075-T73 锻件	水平尾翼	下表面	2024-T3
机身	蒙皮	2024-T3		上表面	7075-T6
	长桁	7075-T6			
机翼	上蒙皮、长桁、弦梁	7178/7075-T6	垂直尾翼	蒙皮	7075-T6
	下蒙皮、长桁、弦梁	2024-T3		桁条	7075-T6

3.铝合金在波音 757 和 767 飞机上的应用

铝合金在波音 757 和 767 飞机上的应用见表 6-6。

表 6-6　铝合金在波音 757 和 767 飞机上的应用

典型结构	零件	合金牌号及热处理状态	典型结构	零件	合金牌号及热处理状态
机翼	上蒙皮	7150-T651 板材	机身及机翼	隔框、紧固件	7075-T3,7050-T76 和 7175-T736 锻件
	长桁	7150-T651 挤压件			
	下蒙皮	2324-T39	水平尾翼	蒙皮、长桁	7075-T6
	长桁、弦梁	2224-T3511 挤压件	垂直尾翼	蒙皮、长桁	7075-T6

6.2　镁及镁合金

镁是地球上储量最丰富的轻金属元素之一,仅次于铝和铁,年产量约为 40 万吨。我国是世界上的产镁大国。镁主要作为合金元素使用,世界上镁的最大消费是作为铝合金的添加元素。

镁及镁合金的主要优点是密度小、比强度、比模量高,抗震能力强,可承受较大的冲击载荷,并且其切削加工和抛光性能优良。与铝合金和钛合金相比,镁合金的应用很有限,主要是因为镁合金的耐腐蚀性能差,热强度低。这些缺点限制了镁合金在高温(150~350℃)场合的应用。

镁合金是结构材料中最轻的一种金属,因此镁合金在飞机、导弹、仪表和无线电等制造工业中应用广泛,目前以铸造镁合金的应用为主。

6.2.1　镁合金及分类

1.纯镁性能

(1)物理化学性能。纯镁是银白色金属,密度为 1.74 g/cm³,只有铝的 2/3、钛的 2/5、钢的 1/4;熔点为 651℃,压铸成形性能好。

镁具有密排六方晶格,因此室温和低温塑性差,但加热到 150～225℃ 时,塑性较好,可以进行各种形式的热变形加工。

镁的化学性质很活泼,在空气中,镁的表面会生成一层很薄的氧化膜,使空气很难与它反应。粉末状或带状的镁在空气中燃烧时会发出强烈的白光,遇高温可能燃烧,因此在加工和储运过程中应采取保护措施。镁的电极电位低,因此耐腐蚀性能差。

(2)力学性能。纯镁的强度很低,铸态时 $\sigma_b \approx 115$ MPa,冷变形状态时 $\sigma_b \approx 200$ MPa,因此不宜作结构材料。纯镁的塑性比纯铝低得多,$\delta = 8\%$,其弹性模量在常用航空工程材料中是最低的。

(3)工业纯镁的用途。纯镁作为熔炼镁合金、制造信号弹、焰火的原料,可以用作脱氧剂,但一般不用来制造机械零件。

2.镁合金性能

纯镁的化学性质非常活泼,但镁合金却很稳定。镁合金是在镁中加入 Al,Zn 和 Mn 等合金元素形成的合金。镁合金特点是密度小(1.8 g/cm³ 左右),300 MPa≤σ_b≤600 MPa。镁是航空工业应用较多的一种轻有色金属元素。

(1)比强度高。镁合金可以进行淬火+人工时效强化,强度一般为 200～300 MPa,远不如其他合金,弹性模量也小,但镁合金密度小,因此比强度高于铝合金和钢,比刚度与铝合金、超高强度钢相当,在相同质量的构件中采用镁合金,可使构件获得更高的刚度。

(2)减震性好。在弹性变形范围内,镁合金受到冲击载荷时吸收的能量是铝合金的两倍,因此适用于制造承受冲击载荷和振动的零件,如飞机起落架轮毂材料。

(3)塑性差。镁合金不宜作冲压零件。

(4)切削性能好。镁合金硬度低、导热性高,可采用高速切削,加工表面光洁度好且刀具磨损小。

(5)耐腐蚀性差。这是镁合金最大的缺点,在使用时需进行表面处理,在表面形成保护层。在镁合金与其他镁合金金属零件组装时,在结合面上应采取绝缘隔离措施,以防电化学腐蚀。但镁合金耐有机物和碱的腐蚀。镁合金也容易燃烧。

3.镁合金分类

镁合金按其加工工艺方法可分为变形镁合金(压力加工镁合金)和铸造镁合金两大类。变形镁合金牌号用 MB 表示,后面加数字表示合金的顺序号;铸造镁合金牌号用 ZM 表示,后面加数字表示合金的顺序号。镁合金也可按所加元素分为镁铝合金、镁锰合金和镁锌合金等。

(1)变形镁合金。航空工业应用最多的变形镁合金是 MB15。MB15 是生产和应用历史最悠久的合金之一,主要合金元素为 Zn 和 Zr,条件屈服强度 $\sigma_{0.2} \approx 250$MPa,在镁合金中是最高的。MB15 可以进行热处理强化,通常是在热挤压后人工时效状态下使用,主要用于热挤压制品及模锻件。

MB15 镁合金综合性能好,其拉伸强度、屈服强度、塑性和韧性均比其他镁合金高,具有良好的热塑性变形能力、切削性能和耐腐蚀性能,但焊接性能差,可用于制作在 150℃ 以下工作的受力结构件,国内外广泛用于宇航的结构材料,如承受一定载荷的翼肋、座舱滑轨、机身长桁及操作系统的摇臂、支座等。

(2)铸造镁合金。ZM1 的主要合金元素同 MB15 一样都是 Zn 和 Zr。ZM1 是铸造镁合金中抗拉强度和屈服强度最高的一种合金,抗腐蚀性能好,但是铸造工艺性能差。在 ZM1 的基础上添加稀土元素(Re)得到 ZM2 和 ZM8,铸造性能得到改善,但是强度和塑性下降,适合制造在 170~200℃下工作的发动机机匣、整流舱和电机壳体等强度不高的零件。

ZM5 的主要合金元素为 Al 和 Zn,Al 含量较高,可以进行热处理强化(淬火＋人工时效),具有较高的比强度、良好的铸造性能和焊接性能。ZM5 应用广泛,可用于制作飞机、发动机和仪表灯承受较高载荷的结构体或壳体等,如飞机的框、翼肋、邮箱隔板、导弹和副油箱的挂架及各种支臂、支座、轮毂等,发动机的进气机匣、附件机匣、附件和仪表的各种壳体等。

6.2.2 镁合金在航空工程中的应用

镁合金可满足航空、航天等高科技领域对轻质材料吸噪、减震、防辐射的要求,可大大改善飞行器的气体动力学性能和明显减轻结构质量。从 20 世纪 40 年代开始,镁合金首先在航空、航天部门得到了应用,比如,应用在飞机上受载荷不很大的轻质结构件,如座椅框架、窗框、压气机机匣、机舱隔框、轮毂和翼肋等。民用机和军用飞机,尤其是轰炸机也广泛使用镁合金制品。例如,B-52 轰炸机的机身部分就使用了镁合金板材 635 kg,挤压件 90 kg,铸件超过 200 kg。镁合金也用于导弹和卫星上的一些部件,如中国"红旗"地空导弹的仪表舱、尾舱和发动机支架等都使用了镁合金。

6.3 钛及钛合金

钛及钛合金具有密度小、比强度高、耐高温、耐腐蚀以及良好的低温韧性等优点。同时,钛资源丰富,又具有很好的塑性,便于冷热加工,应用前景很好,成为航空、航天、导弹、造船和化工等工业中的重要结构材料。

钛在高温时很活跃,因此钛及钛合金的熔炼、浇铸、焊接和热处理等都要在真空或惰性气体保护中进行,加工条件严格复杂,生产成本较高,这些都限制了其应用。

6.3.1 纯钛及钛合金分类

1.工业纯钛

(1)物理化学性质。纯钛为银白色,密度为 4.5 g/cm³(是钢密度的 60%),熔点为 1 668℃,具有同素异晶现象,在 882℃以下为密排六方晶格,称为 α-Ti;在 882℃以上为体心立方晶格,称为 β-Ti。α-Ti 的塑性很好,但是屈强比(屈强比是 σ_s/σ_b,太小时,材料强度的利用率低,浪费大)为 0.7~0.9,弹性模量 E 值也小,因此变形加工性能不如钢。

钛表面能形成致密的由氧化物和氮化物组成的保护膜,在大气、海水、硝酸、碱溶液等介质中具有很高的耐腐蚀性,与不锈钢相当。

(2)力学性能。纯钛的强度与普通结构钢相当,400MPa$\leqslant\sigma_b\leqslant$700MPa,塑性和韧性也较好,焊接性能良好,热强度较高,能稳定地在 600℃以下长期工作。因此纯钛是唯一可以用来制造结构零件的纯金属。

(3)典型牌号。纯钛按杂质含量和力学性能不同有 TA1,TA2 和 TA3 三个牌号,序号数字越大,杂质含量越高。

(4)应用。纯钛只做去应力退火和再结晶退火处理,常用于 350℃以下,强度要求不高的零件和冲压件中,如飞机骨架、蒙皮、隔热板、发动机部件、耐海水腐蚀管道及柴油机活塞、连杆等。

2. 钛合金

工业纯钛虽然可以作为结构件,但其强度依然不高,为进一步提高强度,常常向钛合金中加入 Al,Cr,Mo,Sn,Mn 和 V 等合金元素。加入钛中的合金元素溶入 α-Ti 形成 α 固溶体,溶入 β-Ti 则形成 β 固溶体,它们都能起固溶强化的作用。

(1)钛合金的分类。钛合金按其退火组织状态分类如图 6-5 所示。

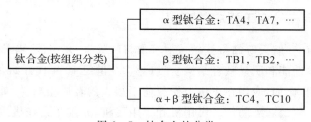

图 6-5　钛合金的分类

1)α 型钛合金。钛中加入 Al 可使合金的同素异晶转变温度提高,在室温和工作温度下获得单相 α 组织,因此称为 α 型钛合金。

α 型钛合金具有良好的热稳定性、热强性和焊接性,但室温强度比其他钛合金低,塑性变形能力也较高,不能进行热处理强化,主要是进行固溶强化。

α 型钛合金主要应用于航空发动机中工作温度低于 600℃ 的零部件。TA7 是典型牌号,成分为 Ti-5Al-2.5Sn,可制作在 500℃ 以下长期工作的零件,如导弹燃料罐、超声速飞机的涡轮机匣、发动机压气机盘和叶片等。由于在低温下仍然具有优良的力学性能,被用于阿波罗宇宙飞船装载火箭燃料的氮和氦增压气体、液氢压力容器以及结构管道等。

2)β 型钛合金。钛中加入 Mo,Nb 和 V 稳定 β 相的合金元素,可获得稳定的 β 组织。

β 型钛合金淬火后具有良好的塑性,可进行冷变形加工。经淬火时效后,β 型钛合金具有高的屈服强度(甚至可代替超高强度钢)和断裂韧性,并且淬透性好,可使大尺寸结构件经热处理后得到均匀的高强度。淬火时效后,焊接性能也得到提高,但热稳定性差,工作温度不高。

β 型钛合金的典型牌号为 TB1,成分为 Ti-3Al-13V-11Cr,一般在 350℃ 以下使用,适于制造在 350℃ 以下使用的重载荷回转件(压气机叶片、轴、轮盘等)以及成形性好的飞机结构件或紧固件等。

3)α+β 型钛合金。钛中主要加入 Fe,Mn,Mo,Cr 和 V 等稳定 β 相的合金元素以及少量稳定 α 相的合金元素 Al,在室温下获得 α+β 的两相组织钛合金。

α+β 型钛合金兼具上述两种合金的优点,即塑性好,热强度高(可在 400℃ 长期稳定工作),抗海水腐蚀能力很强,易于锻压,可淬火强化和时效强化,热处理后强度可提高 50%~100%。但 α+β 型钛合金的热稳定性差,焊接性一般,主要用于飞机压气机盘和叶片、舰艇耐压壳体、大尺寸锻件和模锻件。

α+β 型钛合金的典型牌号为 TC4,成分为 Ti-6Al-4V。淬火时效后,其强度 $\sigma_b \approx$ 1 100 MPa,退火状态下,$\sigma_b \approx$ 950 MPa,最高工作温度 400℃,用于制造飞机压气机盘、叶片及飞机结构件等,如 MD-82 机身尾段吊挂处蒙皮(退火)、肋(退火)、后梁(退火),波音 737-700 水平尾翼与机身连接的接头和波音 747 主起落架支撑梁模锻件等。

TC4 在 -196℃ 以下仍然具有良好的韧性,因此用于制作低温高压容器,如火箭及导弹的液氢燃料箱等。

（2）钛合金的性能特点。

钛合金的优点如下：

1）比强度高：其抗拉强度 σ_b 一般为 $600\sim1\,110$ MPa，相当于调质结构钢，最高强度可达 $1\,500$ MPa，可媲美高强度钢。但其密度为 4.5 g/cm^3，仅为钢的 60%，故其比强度很高。这是钛合金作为航空材料的主要原因之一。

2）塑性、韧性较好。

3）热强度较高：在 $600\,℃$ 仍然保持较高强度，而且无明显氧化。钛的熔点高达 $1\,680\,℃$，再结晶温度也高，因此能稳定地在 $600\,℃$ 以下长期工作，甚至可以向 $800\sim900\,℃$ 高温发展，可与耐热钢相媲美。

4）低温韧性好：在室温下钛合金具有体心立方结构的 β 型钛合金，和其他体心立方金属一样，随着温度降低，塑性和韧性降低。但是纯钛和 α 型钛合金在液氢温度（4.2 K）中仍具有良好的韧性，TC4 在 $-196\,℃$ 以下仍然具有良好的韧性。

5）耐腐蚀性能好：在空气中钛合金自发形成致密的保护性氧化膜，故其耐腐蚀性很好，在大气、海水、硝酸中的耐腐蚀性能超过不锈钢，甚至在高温下仍具有良好的耐腐蚀性能，在酸碱溶液中也很稳定。

钛合金的缺点如下：

1）可切削性差：摩擦因数大、导热性低、易黏刀，影响刀具的耐用度。

2）热加工工艺性差：在 $600\,℃$ 以上时，钛合金会吸收氢、氮、氧而变脆，因此在铸、锻、焊加工时要采用真空保护。

3）冷变形性差：屈服强度比较高，弹性模量低，使钛合金的冷变形抗力增大，回弹较大。另外，屈强比高，冷变形时钛合金容易开裂。

4）硬度低：耐磨性差，不适宜制作耐磨零件。

5）价格较贵。

总之，钛合金工艺性能差，生产成本较高，应用受到限制。

3. 钛及钛合金的热处理

钛合金的热处理主要有退火、淬火及时效。退火的主要目的是提高合金的塑性和韧性，消除内应力及稳定组织；淬火及时效的目的是通过相变强化钛合金。

（1）退火。

1）去应力退火：一般在再结晶温度以下进行，用来消除机加工和焊接所引起的内应力。大多数钛合金的去应力退火温度为 $450\sim650\,℃$，对机加工件退火的保温时间选择 $0.5\sim2$ h，焊接件选择 $2\sim12$ h。

2）再结晶退火：在再结晶温度以上进行，用来消除加工硬化和稳定组织。加热温度一般为 $650\sim850\,℃$，保温 $1\sim3$ h，冷却速度取决于所需钛合金的种类。

（2）淬火和时效。淬火和时效是钛合金主要的热处理强化工艺，可显著提高钛合金的强度和硬度，但对钛合金的强化效果远不如钢。这是因为钢淬火后获得的马氏体是过饱和的间隙固溶体，体积变化较大，所以淬火对钢有显著的强化作用。而钛合金淬火后获得的是置换固溶体,体积变化小,故其强化效果不明显。钛合金淬火后一定要进行时效处理才能获得满意的性能,时效主要是利用淬火组织中保留下来的 β 相,在加热过程中析出高度弥散的 α 相来提高合金的强度。

因此,α 型钛合金一般不进行淬火和时效处理,β 型钛合金和 α+β 型钛合金可进行淬火时效处理,用来提高其强度和硬度。淬火温度一般选择在 α+β 两相区,加热时间根据工件厚度而定,可采用水冷或空冷。时效温度在 450～550℃ 范围,时效时间根据具体要求可从数小时到数十小时不等。

钛合金也可像钢一样进行氮化、渗碳等处理,用来提高合金零件的耐磨性和疲劳强度。

钛合金在热处理加热时必须严格注意防止污染和氧化,最好在真空炉或惰性气体保护下进行。

6.3.2　钛合金在航空工程中的应用

钛合金用于制造在 500℃ 以下工作的结构件,如航空涡轮发动机的压气机盘、压气机叶片、压气机机匣、框架、桁条、管道等(见表 6-7)。

在美国的 B-1 轰炸机的机体结构材料中,钛合金约占 21%,主要用于制造机身、机翼、蒙皮和承力构件。F-15 战斗机的机体结构材料,钛合金用量达 7 000 kg,约占结构质量的 34%。波音 757 客机的结构件,钛合金用量达 3 640 kg,约占结构质量的 5%。麦克唐纳道格拉斯(Mc-Donnell-Dounlas)公司生产的 DC10 飞机,钛合金用量达 5 500 kg,占结构质量的 10% 以上。

表 6-7　钛合金的应用

应用领域		材料的使用特性	应　用　部　位
航空工业	喷气发动机	在 500℃ 以下具有高的屈服强度/密度比和疲劳强度/密度比,良好的热稳定性,优异的抗大气腐蚀性能,可减轻结构质量	压气机盘、静叶片、动叶片、机壳、燃烧室外壳、排气机构外壳、中心体喷气管等
	机身	在 300℃ 下,比强度高	防火壁、蒙皮、大梁、起落架、翼肋、隔框、紧固件、导管、舱门和拉杆等
火箭、导弹及宇宙飞船工业		在常温及超低温下,比强度高,并具有足够的韧性及塑性	高压容器、燃料储箱、火箭发动机及导弹壳体、飞船船舱蒙皮及结构骨架、主起落架和登月舱等

钛的硬度与钢铁差不多,而它的质量几乎只有同体积的钢铁的一半,钛虽然稍稍比铝重一点,它的硬度却比铝大 2 倍。目前,在宇宙火箭和导弹中,就大量用钛代替钢铁。据统计,目前世界上每年用于宇宙航行的钛已达 1 000 t 以上。极细的钛粉还是火箭的好燃料,所以钛被誉为宇宙金属和太空金属。

6.4　铜及铜合金

铜是人类历史上应用最早的金属之一,至今也是应用最广的有色金属之一,其用量仅次于铝。铜及铜合金有优异的物理、化学性能,良好的加工性能以及某些特殊的机械性能,色泽美观,在电气工业、仪表工业、造船工业以及机械制造工业领域得到了广泛应用,主要用作具有导电、导热、耐磨、抗磁并兼有耐腐蚀性的器件。

铜及铜合金的性能特点如下:

(1)优异的物理、化学性能。纯铜及铜合金的导电性、导热性极好,且在大气和水中的耐腐蚀能力很强。另外,铜是抗磁性物质。

(2)良好的加工性能。铜及某些合金塑性很好,容易冷热加工成形。铸造铜合金还具有很好的铸造性能。

(3)某些特殊的机械性能。例如,某些铜合金具有优良的减磨性、耐磨性、高的弹性极限和疲劳极限。

(4)色泽美观。

铜及铜合金按颜色分为纯铜(紫铜)、黄铜、青铜和白铜。

6.4.1　纯铜及分类

1. 物理性质

纯铜形成氧化膜后呈紫红色,故又称为紫铜。铜的密度为 $8.94\ g/cm^3$,熔点为 $1\ 083℃$,具有面心立方晶格结构,导热性和导电性仅次于银,因此纯铜主要用于制造导电、导热器材。纯铜具有抗磁性,可制作具有抗磁干扰的罗盘和航空仪器等。

2. 化学性质

纯铜在大气、海水和某些非氧化性酸(盐酸、稀硫酸)、碱、盐溶液及多种有机酸(醋酸、柠檬酸)中有良好的耐蚀性,可用于化学工业。但纯铜及铜合金与其他金属接触时会产生接触腐蚀,因此使用时应进行表面防护处理。

3. 力学性能

纯铜的强度和硬度都低,退火状态下 $250\ MPa{\leqslant}\sigma_b{\leqslant}270\ MPa$,硬度为 $35{\sim}45HBS$,一般不用来制造机械零件。纯铜的塑性很好,$30\%{\leqslant}\delta{\leqslant}45\%$,具有良好的延展性,可进行各种冷热变形加工。

4. 工艺性能

纯铜有良好的焊接性、变形加工性,可经冷、热塑性加工制成各种半成品和成品。

5. 牌号

纯铜又分为工业纯铜(含氧铜)和无氧铜两种。

工业纯铜的含氧量为 $0.02\%\sim0.1\%$,氧在铜中以氧化铜的形式存在。

目前,我国工业纯铜有四个牌号:T1(99.95%Cu),T2(99.90%Cu),T3(99.70%Cu)和 T4(99.50)。T1 和 T2 主要用作导电材料和配制高纯度铜合金;T3 和 T4 用作一般铜材及铜合金。

无氧铜的含氧量极低($\leqslant0.003\%$),其牌号用 TU 表示,如 TU1 和 TU2。用真空去氧得到的无氧铜称为真空铜,用 TK 表示。无氧铜主要用于制作电真空器件、仪器和仪表等。

6.4.2　铜合金的应用

铜中加入合金元素后,可获得较高的强度和硬度,韧性好,同时还能保持纯铜的某些优良性能,常用作工程结构材料。

根据制造工艺,铜合金分为变形合金和铸造合金。除了高 Sn、高 Pb、高 Mn 等专用的铸造铜合金外,大部分铜合金既可做变形合金又可作铸造合金。

1. 黄铜

黄铜是以锌(Zn)为主要合金元素的铜合金,按化学成分的不同,可分为普通黄铜和特殊黄铜两种;根据加工特点,又可分为压力加工黄铜和铸造加工黄铜。

压力加工黄铜的牌号由 H 表示,后面的数字为平均含铜量,以及其他元素的百分数。

例 1:H68——含铜 68%、锌 32% 的普通黄铜,属压力加工黄铜。

例 2:HSi80-3——含铜 80%,硅 3% 的特殊黄铜,属压力加工黄铜。

铸造黄铜牌号由 Z、铜合金元素符号、其他合金元素及平均含量百分数组成。

例 1:ZCuZn38(ZH62)——含铜 62% 和锌 38% 的铸造普通黄铜。

例 2:ZCuZn31Al2(ZHAl67-2)——含铜 67%、锌 31% 和铝 2% 的铸造特殊黄铜。

(1)普通黄铜。普通黄铜为铜锌二元合金。

1)力学性能良好。Zn 加入 Cu 中,首先形成 Zn 在 Cu 中的固溶体 α 相,使铜合金的强度和塑性增高,可以进行冷、热加工,并使其具有优良的锻造、焊接和镀锡能力。

当 Zn 含量在 30%~32% 时,Zn 全部溶于 Cu 中,室温下形成单相 α 固溶体,适于冷变形加工,塑性最好;

当 Zn 含量在 40%~45% 时,黄铜塑性降低,强度最高;

当 Zn 含量超过 45% 时,黄铜的强度和塑性都很低。

故实用的黄铜 Zn 含量都在 45% 以下。

2)工艺性能较好。黄铜不仅具有良好的变形加工性能,而且具有优良的铸造性能。

3)耐腐蚀性能较好。黄铜的耐腐蚀性能与纯铜接近,超过铁、碳钢及许多合金钢。但 Zn 含量大于 7%,特别是 Zn 含量接近 20% 的冷加工黄铜,由于有残余应力的存在,在潮湿大气或海水中,特别是含有氨的环境中,容易产生应力腐蚀,使黄铜开裂,这种现象称为应力腐蚀开裂或者季裂(季裂指经过变形加工的黄铜制品由于存在残余应力,在潮湿海水或有氨的环境中,放置一段时间后,产生应力腐蚀,导致其自发破裂的现象)。因此,冷加工的黄铜成品零件应进行低温去应力退火以消除内应力,或者加入适量 Sn,Si,Al,Mn 和 Ni 等合金元素来降低对应力腐蚀开裂的敏感性。

4)常用牌号。工业上应用较多的普通黄铜为 H62,H68 和 H80。其中,H62 被誉为"商业黄铜",广泛用于制作水管、油管、散热器垫片及螺钉等;H68 强度较高,塑性好,具有极好的冷热加工性能,特别适合制造外形复杂的深冲、深拉和模压件,曾大量用作弹壳,有"弹壳黄铜"之称;H80 因色泽美观,多用于镀层及装饰品。

(2)特殊黄铜。在 Cu-Zn 合金基础上加入其他合金元素的黄铜,称为特殊黄铜。

若特殊黄铜中加入的合金元素较少,则塑性较高,也称为压力加工特殊黄铜;加入的合金元素较多,则强度、耐腐蚀性和铸造性能好,称为铸造用特殊黄铜,牌号中用"Z"表示铸造。加入 Al,Sn,Mn 和 Si 的合金(铝黄铜、锡黄铜、锰黄铜、硅黄铜)还能提高抗腐蚀性和耐磨性。

硅黄铜 ZCuZn16Si4 是最常见的铸造铜合金,在大气、淡水、海水中能形成致密的 SiO_2 保护膜,大大提高耐腐蚀能力。该合金具有优良的铸造性能,但不能热处理强化,只进行消除去应力退火,特别适合浇铸外形复杂的薄壁铸件,如仪表壳体等。常用特殊黄铜的力学性能和用途见表 6-8。

表 6－8　常用特殊黄铜的力学性能和用途

合金类型	合金牌号	力 学 性 能			用　途　举　例
		σ_b/MPa	δ/(%)	硬度/HBW	
铅黄铜	HPb59－1	400～650	16～45	44～80	轴、轴套、螺栓、螺钉、螺母、分流器、导电排等
铝黄铜	HAl77－2	400～650	12～55	60～170	耐腐蚀零件
硅黄铜	HSi80－3	300～600	4～58	90～110	船舶零件、水管零件

2.青铜

青铜原指铜锡合金,是人类历史上应用最早的合金,因铜与锡的合金呈青黑色而得名。现在工业上都习惯称含 Al,Si,Pb,Be 和 Mn 等的铜合金也为青铜,所以青铜实际上是指除黄铜、白铜以外的其他铜合金。青铜也分为压力加工青铜和铸造青铜两类。

一般而言,青铜的强度、耐磨性、耐腐蚀性优于黄铜,但价格比黄铜贵,一般用于制造与钢件配合的耐磨零件,如滑动轴承、蜗轮、传动螺母等,还可制造仪表齿轮、导电弹性元件等。

压力加工青铜的牌号由 Q、主加元素符号及其平均含量的百分数及其他元素的百分数组成。

例 1：QSn4－3——含锡 4% 和锌 3% 的压力加工青铜。

例 2：QBe2——含铍 2% 的压力加工青铜。

铸造青铜牌号由 Z、铜合金元素符号及合金元素平均含量百分数组成。

例 3：ZCuSn10P1(ZQSn10－1)——含锡 10% 和磷 1% 的铸造青铜。

例 4：ZCuAl10Fe3(ZQAl10－3)——含铝 10% 和铁 3% 的铸造青铜。

(1)锡青铜。以 Sn 为主要合金元素的铜基合金称锡青铜,如青铜时代的青铜。

工业中使用的锡青铜,Sn 含量大多在 3%～14% 之间。Sn 含量小于 8% 的锡青铜具有较好的塑性,适于冷加工成形;Sn 含量为 5%～7% 的锡青铜,适于热加工成形;Sn 含量大于 10% 的锡青铜,塑性极低,脆性大,适于铸造成形。

压力加工锡青铜在大气、海水中耐腐蚀性能好,具有优良的耐磨性、抗磁性、低温韧性,还具有优良的弹性,因此通常制作簧片、电极、齿轮、轴承、航空仪表等零件。

铸造锡青铜含 Sn 和 P 量高,因此强度和耐磨性高,常用于制造轴承、蜗轮、轴套等耐磨零件和弹簧等弹性元件以及抗蚀、抗磁零件等。

(2)铝青铜。以 Al 为主要合金元素的铜基合金称铝青铜,铝含量一般在 5%～12% 之间。

在铸造状态下,在 Al 含量较低时,铝青铜的强度和塑性随着 Al 含量的增加而增大,Al 含量小于 5% 时强度最大,大于 5% 后强度上升较高,在 10% 左右时强度最高。Al 含量为 5%～7% 的铝青铜塑性最好,适于冷加工使用。Al 含量大于 7%～8% 后,铝青铜的强度增加,但塑性急剧下降,因此多在铸态或经热加工后使用。Al 含量高于 12% 时铝青铜塑性很差,难于加工。

铝青铜的机械性能以及在大气、海水、海水碳酸和大多数有机酸中的耐腐蚀性能,均比黄铜和锡青铜高。铝青铜的耐磨性也比锡青铜好,因此铝青铜常用来制造齿轮、轴套、蜗轮等高强度耐磨零件以及高耐腐蚀性弹性元件,是应用最广泛的青铜之一。

(3)铍青铜。以 Be 为基本元素的铜合金称铍青铜。铍青铜的 Be 含量为 $1.7\% \sim 2.5\%$。Be 溶于 Cu 中形成 α 固溶体,室温最大溶解度仅为 0.2%,而在 $866℃$ 时最大溶解度为 2.7%。因为 Be 在 Cu 中的溶解度随温度变化很大,所以铍青铜是时效硬化效果极大的铜合金,具有很高的强度、硬度、弹性极限和疲劳极限。铍青铜还具有优异的耐磨性和耐腐蚀性能,具有良好的导电性和导热性,同时还有抗磁、受冲击时不产生火花等特殊性能。

铍青铜通过淬火和时效,其抗拉强度可达 $1\,176 \sim 1\,470$ MPa,硬度可达 $350 \sim 400$ HBW,远远超过其他铜合金,甚至可与超高强度钢媲美。

铍青铜主要用于制作精密仪器、仪表中重要的弹性元件,钟表齿轮、高速高压下工作的轴承、衬套以及电焊机电极、防爆工具、航海罗盘等重要零件。但铍青铜工艺复杂,价格较高。

习　题

1.对铝合金进行淬火(亦称固溶处理)能立即使铝合金显著强化吗?对铝合金淬火的作用是什么?

2.什么叫"冰箱铆钉"?在用冰箱铆钉进行铆接时应当注意什么事项?

3.2A12(LY12)是一种可以自然时效强化的铝合金。现在要将下图 A 所示的 2A12 板材用冷变形的方法加工成图 B 所示的零件,应当采用下列三种工艺路线中的哪一种?请说明理由。

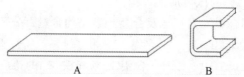

A　　　　　　　　B

(1)冷变形——固溶处理(淬火)——自然时效;

(2)固溶处理(淬火)——冷变形——自然时效;

(3)固溶处理(淬火)——自然时效——冷变形。

4.请选择合适的材料来制造下列产品:

(1)蜗轮、传动螺母、轴套;

(2)仪表中的弹簧、齿轮;

(3)飞机的油箱油管;

(4)轿车轮毂、内燃机汽缸体;

(5)飞机蒙皮、骨架;

(6)航空燃气涡轮发动机的压气机叶片、压气机盘(工作温度约为 $400℃$);

(7)航空燃气涡轮发动机的涡轮叶片、涡轮盘(工作温度约为 $1\,000℃$)。

模块 7 　非金属材料

❖学习目标：

(1)了解高分子材料基础知识；

(2)了解塑料的组成、分类及在航空领域的应用；

(3)了解橡胶的组成、分类及在航空领域的应用；

(4)了解陶瓷材料。

7.1　高分子材料

当前，大到国民经济，小到日常生活都与高分子材料息息相关，可称为"高分子材料时代"。塑料、橡胶、合成纤维以及某些胶黏材料、涂料等都是以高分子(也叫高聚物或聚合物)为基础合成的。它们大多数是人工合成的，因而又可称为高分子合成材料。

7.1.1　高分子材料简介

高分子材料的相对分子质量特别大，一般是在 $10^3 \sim 10^6$ 之间。比如，淀粉的相对分子质量约为 100 万，橡胶的相对分子质量约为 9 万，聚氯乙烯的相对分子质量为 $(2 \sim 16) \times 10^5$ 。由此可见，高分子材料的相对分子质量不是一个确切的值，它是由相对分子质量不同的众多大分子链聚集而成的，不可能用单一的相对分子质量来表示，大分子链的长短呈统计规律分布。相对分子质量和相对分子质量分布对高分子材料的使用性能和工艺性能有重要影响，高分子材料的许多特殊性质是由相对分子质量变大所决定的。通常相对分子质量增加，材料的强韧性、耐磨性、耐蠕变等性能都有所提高，但溶解性降低，然而熔融黏度也迅速增加，这会给成型加工带来困难。因此，高分子材料需要一个合适的相对分子质量范围。

1.高分子材料的性能特点

不同高分子材料的性能、特点不尽相同，即使是同一种高分子材料，也会因为其聚合物反应类型不同而在性能方面有差异，比如聚甲醛的均聚和共聚产物。但绝大多数高分子材料具有如下基本性质：

(1)密度小。高分子材料密度一般为 $1 \sim 2 \ \mathrm{g/cm^3}$ 。比如聚丙烯密度为 $0.91 \ \mathrm{g/cm^3}$ ，比纸还轻；有些泡沫的密度为 $0.01 \ \mathrm{g/cm^3}$ ，为水密度的 1/100 。

(2)比强度高。材料的抗拉强度与密度之比叫作比强度。比强度高的材料，与其他材料的构件相比，相同强度下可以减轻构件质量，或者相同质量下可以提高构件强度，这正是航空工程对材料的基本要求之一。由于高分子链足够长，分子之间作用力可以加和，量变必然会带来质的飞跃，因而相互间作用力很大，大分子链又相互纠缠在一起。因此，高分子材料就具有高比强度。

（3）弹性大。由于高分子的分子链是卷曲纠缠在一起的，当受力拉伸时，这种卷曲的分子可以被拉长，但当去掉外力时，又会恢复到原来的形状。因此，橡胶和塑胶之类都具有较大的弹性。

（4）可塑性好。由于高分子是由许多很长的分子链构成，当链的某一部分受热时，其他部分有的则受热不多甚至还没有受热。因此，高分子受热后不是立刻就变成液体，而是先经过一个软化过程，即具有可塑性。

（5）电绝缘性高。高分子分子中的化合键是共价键，不能电离，因此不能传递电子。又因高分子的分子细长、卷曲，在受热和声音的作用之后，分子间振动不大，所以具有对电、热、声的良好绝缘性。

（6）耐腐蚀性强。高分子的分子链是纠缠在一起的，许多分子链上的基团被包在里面，当接触到能与高分子的某一基团起反应的试剂时，只有暴露在最外面的基团才比较容易发生反应，因此高分子材料比较稳定，具有耐酸、碱腐蚀的性能。

（7）耐磨性高。高分子相对分子质量大，因此耐磨性和抗撕裂程度都比较高。如尼龙、聚四氯乙烯不仅耐磨，而且自润滑比金属和天然材料都强。合成橡胶比天然橡胶耐磨，合成纤维也比天然纤维耐磨。

（8）耐热性差。多数高分子材料只能在100℃以下使用，个别耐高温品种的使用温度也不能超过300℃。

（9）有老化现象。在氧、热、紫外线、力、微生物等因素的作用下，高分子材料逐渐变硬、龟裂，或变软、发黏。

（10）有蠕变现象。高分子材料会随着时间发生缓慢的塑性变形。

2.高分子的分类和应用

按来源来分，高分子可分为两大类：存在于自然界中的高分子称为天然高分子，如我们吃的食物，穿的棉、麻、丝和毛等；还有一种是合成高分子，合成高分子是人工合成的、自然界中不存在的高分子，如聚乙烯、聚酰胺（尼龙）、聚酯（涤纶）和聚氯乙烯等。

从1907年人类合成出第一种高分子材料到现在，人们已合成出近千种高分子材料，而且有些合成高分子材料在质量上已超过金属，这些高分子材料将应用于人类活动的各个领域。高分子材料的发展如此迅猛，主要由以下几个原因决定：第一，制造高分子的原料资源丰富。煤、石油、天然气都是高分子工业原料的重要来源，以石油为例，1 t石油可以制得合成高分子材料的最重要的原料乙烯200 kg。第二，合成高分子材料工艺简单，生产快速，且容易制得新品种，如在一些高分子里添加一些特殊物质，就可以制得有特定功能的新型高分子。

现在，从日常生活到尖端科技，到处都有高分子的踪影，许多领域由于它的出现而引起了根本性的变革，高分子塑料已成为机械工业和建筑工业的基本原材料；高分子绝缘材料的出现，使电子工业得到了飞速的发展；一些可降解的高分子材料免除了环境污染的威胁；耐高温高分子材料的出现，使人类制造出了火箭、飞船，实现了人类遨游太空的梦想；在医学领域，高分子也悄悄穿上了"白大褂"，成为医生们的"得力助手"。骨的愈合是多么折磨人，现在医生们可以用一种特制的高分子"胶水"来粘牢骨头，减轻病人的痛苦。还有一种医用高分子材料，可以黏合伤口、切口，既不需要打麻药，又可以免除病人在缝线时的痛苦。高分子材料的优点和用途真是举不胜举，说它是21世纪材料中的主人也并不为过。

塑料、橡胶和纤维是高分子材料的三大种类,2010 年全球高分子材料的消耗量达到 3.3 亿吨以上,其中,世界塑料总产量约为 2.5 亿吨,约占 75%;纤维约为 5 582 万吨,约占 17%;橡胶约为 2 200 万吨,约占 7%。2010 年我国塑料制品产量达到 5 800 万吨,合成纤维达到 3 000 万吨,橡胶材料达到 588 万吨,已广泛应用于工业、农业和国防军事等国民经济各行业等各个领域,并起着重要的作用,是社会发展、人民生活、科技创新必不可少的基础材料。

拓展阅读:高分子材料的有趣故事

第一种完全合成的塑料出自美籍比利时人列奥·亨德里克·贝克兰,1907 年 7 月 14 日,他注册了酚醛塑料的专利,酚醛塑料制品如图 7-1 所示。

图 7-1　酚醛塑料制品

贝克兰是鞋匠和女仆的儿子,1863 年生于比利时根特。1884 年,21 岁的贝克兰获得根特大学博士学位,24 岁时就成为比利时布鲁日高等师范学院的物理和化学教授。1889 年,刚刚娶了大学导师女儿的贝克兰又获得一笔旅行奖学金,到美国从事化学研究。

在哥伦比亚大学的查尔斯·钱德勒教授的鼓励下,贝克兰留在美国,为纽约一家摄影供应商工作。这使他几年后发明了 Velox 照相纸,这种相纸可以在灯光下而不是必须在阳光下才能显影。1893 年,贝克兰辞职创办了 Nepera 化学公司。

在新产品冲击下,摄影器材商伊士曼·柯达吃不消了。1898 年,经过两次谈判,柯达方以 75 万美元(相当于 2013 年 1 500 万美元)的价格购得 Velox 照相纸的专利权。不过柯达很快发现配方不灵,贝克兰的回答是:"这很正常,发明家在专利文件里都会省略一两步,以防被侵权使用。"柯达被告知:"他们买的是专利,但不是全部知识。"又付了 10 万美元,柯达方知秘密在一种溶液里。

掘得第一桶金,贝克兰买下了纽约附近扬克斯的一座俯瞰哈德逊河的豪宅,将一个谷仓改成设备齐全的私人实验室,还与人合作在布鲁克林建起实验工厂。当时,刚刚萌芽的电力工业蕴藏着绝缘材料的巨大市场。贝克兰嗅到的第一个诱惑是天然的绝缘材料——虫胶价格的飞涨,几个世纪以来,这种材料一直依靠南亚的家庭手工业生产。经过考察,贝克兰把寻找虫胶的替代品作为第一个商业目标。当时,化学家已经开始认识到很多可用作涂料、黏合剂和织物的天然树脂和纤维都是聚合物,即结构重复的大分子,开始寻找能合成聚合物的成分和方法。

不同的是,赛璐珞来自化学处理过的胶棉以及其他含纤维素的植物材料,而酚醛塑料是世界第一种完全合成的塑料。贝克兰将它用自己的名字命名为"贝克莱特"(Bakelite)。他很幸运,英国同行詹姆斯·斯温伯恩爵士只比他晚一天提交专利申请,否则英文里酚醛塑料可能要叫"斯温伯莱特"。1909 年 2 月 8 日,贝克兰在美国化学协会纽约分会的一次会议上公开了这种塑料。

假冒酚醛塑料的出现还使贝克兰很早就在产品上采用了类似今天"Intel Inside"的真品标签。1926 年专利保护到期，大批同类产品涌入市场。经过谈判，贝克兰与对手合作拥有了一个真正的酚醛塑料帝国。

作为科学家，贝克兰可谓名利双收，他拥有超过 100 项专利，荣誉职位数不胜数，死后也位居科学和商界两类名人堂。他身上既有科学家少有的商业精明，又有科学家太多的生活迟钝。除了电影和汽车，他最大的爱好是穿着衬衫、短裤流连于游艇"离子号"上。不过据说他只有一套正装，而且总是穿一双旧运动鞋。为了让他换套行头，身为艺术家的妻子在服装店挑了一件 125 美元的英国蓝斜纹哔叽套装，预付了店主 100 美元，要他把这套衣服陈列在橱窗里，挂上一个 25 美元的标签。当晚，贝克兰从妻子口中获悉这等价廉物美的好事，第二天就买了下来。回家路上碰到邻居、律师萨缪尔·昂特迈耶，贝克兰的新衣服立刻被对方以 75 美元买走，成为他向妻子显示精明的得意事例。

1939 年，贝克兰退休时，儿子乔治·华盛顿·贝克兰无意从商，将公司以 1 650 万美元（相当于今天 2 亿美元）出售给联合碳化物公司。1945 年，贝克兰死后一年，美国的塑料年产量就超过 40 万吨，1979 年又超过了工业时代的代表——钢。在伦敦科学博物馆的展览上，贝克兰的曾孙休·卡拉克一手执一个 20 世纪 30 年代的尿素甲醛塑料电话，一手展示着一个用生物可降解塑料制成的手机。

7.1.2 塑料及其在航空工程中的应用

塑料是以单体为原料，通过加聚或缩聚反应聚合而成的高分子化合物，可以自由改变成分及形体样式，由合成树脂及填料、增塑剂、稳定剂、润滑剂和色料等添加剂组成。

塑料的主要成分是树脂。树脂是指尚未和各种添加剂混合的高分子化合物。树脂这一名词最初是由动植物分泌出的脂质而得名，如松香、虫胶等。树脂占塑料总质量的 40%～100%。塑料的基本性能主要取决于树脂的本性，但添加剂也起着重要作用。表 7-1 列举了常用塑料的英文简称、俗名和用途。

表 7-1 常用塑料的英文简称、俗名和用途

中文学名	简 称	俗 称	用 途
聚对苯二甲酸乙二醇酯	PET	聚酯	矿泉水瓶、碳酸饮料瓶等
高密度聚乙烯	HDPE	硬性软胶	清洁用品、沐浴产品等的容器
低密度聚乙烯	LDPE	百折胶、塑料	食品包装袋、保鲜膜等
聚丙烯	PP		微波炉餐盒等
聚氯乙烯	PVC	搪胶	水管、雨衣、书包、建材、塑料膜等
聚苯乙烯	PS	有机玻璃	建材、玩具、碗装泡面盒、快餐盒等
聚碳酸酯	PC	亚克力	水壶、太空杯、奶瓶等
聚甲基丙烯酸甲酯	PMMA	超不碎胶	飞机座舱玻璃、各种医用、军用、建筑用玻璃等
丙烯腈-丁二烯-苯乙烯共聚物	ABS		家用电器、面板、面罩、组合件、配件等

1.塑料的定义

根据美国材料实验协会所下的定义,"塑料"是一种以高相对分子质量有机物质为主要成分的材料,它在加工完成时呈现固态形状,在制造以及加工过程中,可以借流动来成型。塑料与树脂的主要区别为,树脂是纯聚合物,而塑料是以树脂为主要成分并混合其他成分的聚合物制品。

2.塑料的分类

根据各种塑料不同的使用特性,通常将塑料分为通用塑料、工程塑料和特种塑料三种类型。

(1)通用塑料一般是指产量大、用途广、成型性好、价格便宜的塑料。通用塑料有五大品种,即聚乙烯(PE)、聚丙烯(PP)、聚氯乙烯(PVC)、聚苯乙烯(PS)及丙烯腈-丁二烯-苯乙烯共聚合物(ABS)。

(2)工程塑料一般指能承受一定外力作用,具有良好的机械性能和耐高、低温性能,尺寸稳定性较好,可以用作工程结构的塑料,如聚酰胺和聚砜等。工程塑料在机械性能、耐久性、耐腐蚀性、耐热性等方面能达到更高的要求,而且加工更方便并可替代金属材料。工程塑料被广泛应用于电子电气、汽车、建筑、办公设备、机械、航空、航天等行业,以塑代钢、以塑代木已成为国际流行趋势。

(3)特种塑料一般是指具有特种功能,可用于航空、航天等特殊应用领域的塑料。如氟塑料和有机硅具有突出的耐高温、自润滑等特殊功用,增强塑料和泡沫塑料具有高强度、高缓冲性等特殊性能,这些塑料都属于特种塑料的范畴。

根据各种塑料不同的理化特性,可以把塑料分为热固性塑料和热塑性塑料两种类型。

(1)热塑性塑料。热塑性塑料(Thermo Plastics)是指加热后会熔化,可流动至模具冷却后成型,再加热后又会熔化的塑料,即可运用加热及冷却,使其产生可逆变化(液态⟶固态),是所谓的物理变化。通用的热塑性塑料其连续的使用温度在 100℃ 以下,聚乙烯、聚氯乙烯、聚丙烯和聚苯乙烯并称为四大通用塑料。

(2)热固性塑料。热固性塑料(Thermosets)是指在受热或其他条件下能固化或具有不溶(熔)特性的塑料,如酚醛塑料和环氧塑料等。热加工成型后形成具有不熔(不溶)的固化物,其树脂分子由线型结构交联成网状结构,再加强热则会分解破坏。典型的热固性塑料有酚醛、环氧、氨基、不饱和聚酯、呋喃和聚硅醚等材料,还有较新的聚苯二甲酸二丙烯酯塑料等。它们具有耐热性高、受热不易变形等优点。其缺点是机械强度一般不高,但可以通过添加填料,制成层压材料或模压材料来提高其机械强度。

3.塑料的特性

塑料的特性有:①大多数塑料质轻,化学稳定性好,不会锈蚀;②耐冲击性好;③具有较好的透明性和耐磨耗性;④绝缘性好,导热性低;⑤一般成型性、着色性好,加工成本低;⑥大部分塑料耐热性差,热膨胀率大,易燃烧;⑦尺寸稳定性差,容易变形;⑧多数塑料耐低温性差,低温下变脆;⑨容易老化;⑩某些塑料易溶于溶剂。

(1)塑料的优点如下:

1)大部分塑料的抗腐蚀能力强,不与酸、碱反应。

2)塑料制造成本低。

3)塑料耐用、防水、质轻。

4)塑料容易被塑制成不同形状。

5)塑料是良好的绝缘体。

6)塑料可以用于制备燃料油和燃料气,这样可以降低原油消耗。

(2)塑料的缺点如下:

1)回收利用废弃塑料时,分类十分困难,而且在经济上也不划算。

2)塑料容易燃烧,燃烧时产生有毒气体。例如,聚苯乙烯燃烧时产生甲苯,这种物质少量会导致失明,吸入后会产生呕吐等症状;聚氯乙烯燃烧也会产生氯化氢有毒气体,除了燃烧,高温环境也会导致塑料分解出有毒成分。

3)塑料是由石油炼制的产品制成的,石油资源是有限的。

4)塑料埋在地底下几百年、几千年甚至几万年也不会腐烂。

5)塑料的耐热性能等较差,易于老化。

6)塑料无法自然降解。

4.塑料在航空工程中的应用

(1)有机玻璃。有机玻璃主要成分为聚甲基丙烯酸甲酯,含有增塑剂。有机玻璃的透明度比无机玻璃还高,透光率达92%;相对密度也只有后者的一半;机械性能比普通玻璃高得多,在常温下具有较大的强度;与普通玻璃相比脆性小,受振动时不易破裂;耐腐蚀性和绝缘性好;容易成形。

(2)塑料王。塑料王即聚四氟乙烯,与其他塑料相比,具有优良的耐高低温、耐腐蚀、耐氧化性能,电绝缘性良好,以及吸水性小、摩擦因数低等。塑料王的耐高低温可达$-180\sim260℃$,在这个温度范围内,零件可长期使用;几乎不受所有化学药品的腐蚀,连最厉害的王水也腐蚀不了;不易黏合,不吸水,电绝缘性好,是现有固体中摩擦因数最低的。塑料王是航空工程常用的一种塑料,可用作航空轴承、涡轮喷气发动机加力燃烧室喷管的操作系统中的涨圈;在航空电器及电子设备中可用作电绝缘材料;还可以用来制作各种耐腐蚀的零件,如喷气发动机的滑油管路、燃油箱的密封垫圈等。

(3)聚氯乙烯塑料。聚氯乙烯塑料不含增塑剂时具有较高的机械强度、良好的耐酸碱性和电绝缘性;含增塑剂的耐摩擦,因此在飞机上用作电线和电缆的保护套、液压系统和冷气系统的密封垫,以及作为封存或包装的各种航空零件和设备的材料。

(4)酚醛塑料。酚醛塑料具有较大的强度,良好的绝缘性,耐磨性和耐腐蚀性好,以木粉、云母粉、石英粉为填料时,可以制成外形复杂且光亮的零件,如飞机上的电器开关装置(旋钮、按钮、插销、插座以及手柄、仪表外壳);以布、玻璃布、纸作填料时,力学性能高,吸震性也很好,飞机上用于齿轮、滑轮、发动机架的缓冲器垫片、飞机操纵踏板、驾驶盘、配电盘、接头座板、软邮箱槽、电气绝缘件等;以石棉为填料时,耐热性很好,耐磨性很好且摩擦因数大,可以用来制造飞机刹车系统零件,如刹车盘。

(5)环氧树脂。环氧树脂强度较高,韧性较好;尺寸稳定性高,耐久性好;具有优良的绝缘性能;耐热、耐寒,化学稳定性很高;成型工艺性能好,吸湿性低,成型收缩率小。环氧树脂是很好的胶黏剂,对各种材料(金属及非金属)都有很强的胶黏能力。环氧树脂还可以用来制备各种复合材料,如雷达天线整流罩、翼尖等航空结构件及绝缘零件等。

拓展阅读:关于塑料那些不为人知的故事

塑料王国的"无冕之王"

高分子世界的奥妙,在于它"化腐朽为神奇"。乌黑恶臭的煤焦油,平淡无奇的天然气,经过一系列令人眼花缭乱的化学合成,便奇迹般地变成了纤维、塑料和橡胶等材料。因此,有人称它为"分子变幻魔术"。

合成塑料的历史,就有一段像魔术一样的有趣插曲。

首先从合成有机玻璃的故事说起。1927年,西方市场经济繁荣,各国的公司纷纷扩大投资,盲目地扩大再生产,结果,虚假的繁荣引发了1929—1936年的全球性经济大萧条。

1927年,德国罗姆-赫斯公司成功地合成了聚甲基丙烯酸甲酯。这种聚酯类塑料的出现,让人们耳目一新。经过增塑作用,它可以制成平板玻璃。为了区别于传统的硅酸盐无机玻璃,罗赫公司将其称为"有机玻璃"。

有机玻璃耐光,高度透明,能透过99%以上的太阳光;质轻,受振动时不易碎裂,耐腐蚀性和绝缘性良好;容易成形,这些优点是普通玻璃无可比拟的,其在飞机窗户上的应用如图7-2所示。

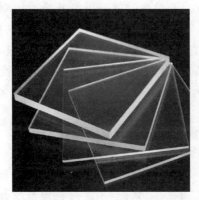

图 7-2　有机玻璃在飞机窗户上的应用

当时,杜邦公司把罗赫公司视为竞争对手,千方百计搜集情报。看见罗赫公司大发其财,杜邦公司上下十分眼红。尤其令杜邦公司气愤的是,罗赫公司竟在美国投资设厂生产有机玻璃,而且生产、销售颇为兴旺。一向以"化工之母"自称的杜邦公司震动了!就是在这种受到威胁的情况下,杜邦公司下决心每年拨款25万美元,聘请卡洛泽斯等一批专家从事基础研究。

不久,杜邦公司又恢复了活力。在成功研制氯丁橡胶和尼龙-66之后,又把重点转向研究含氟烯烃的合成上。氟是极为活泼的非金属元素,它能够与烃类产生激烈的反应,生成氟化烃。经过七八年的实验研究,到1938年,杜邦公司实现了四氟乙烯的聚合,聚四氟乙烯制品如图7-3所示。

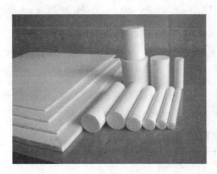
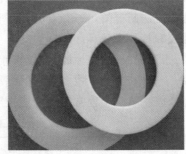

图 7-3　聚四氟乙烯制品

聚四氟乙烯具有神奇的性能：耐高温、耐强腐蚀，即使在200℃高温下还能长时间保持稳定。它确实是当时无敌于天下的塑料。

当杜邦公司正准备投资大量生产有机氟塑料时，美国正式参加第二次世界大战，杜邦公司的计划被迫"下马"。直到1949年，美国杜邦公司才实现了有机氟塑料的工业化生产，并将它的商品名戴上"塑料王"的桂冠。20世纪60年代，他们又研制成功了四氟乙烯和六氟丙烯，从此氟塑料成了杜邦公司的王牌产品。

7.1.3 橡胶及其在航空工程中的应用

橡胶是具有可逆形变的高弹性聚合物材料。在室温下富有弹性，在很小的外力作用下能产生较大形变，除去外力后能恢复原状。橡胶属于完全无定型聚合物，它的玻璃化转变温度（T_g）低，相对分子质量往往很大，大于几十万。天然橡胶就是由三叶橡胶树割胶时流出的胶乳经凝固、干燥后而制得。1770年，英国化学家J.普里斯特利发现橡胶可用来擦去铅笔字迹，当时将这种用途的材料称为rubber，此词一直沿用至今。橡胶的分子链可以交联，交联后的橡胶受外力作用发生变形时，具有迅速复原的能力，并具有良好的物理力学性能和化学稳定性。橡胶是橡胶工业的基本原料，广泛用于制造轮胎、胶管、胶带、电缆及其他各种橡胶制品。

1.橡胶的定义

世界上通用的橡胶的定义引自美国的国家标准ASTM-D1566（America Society of Test and Material）。定义如下：

橡胶是一种材料，它在大的变形下能迅速而有力地恢复其变形，能够被改性（硫化）。改性的橡胶实质上不溶于（但能溶胀于）沸腾的苯、甲乙酮、乙醇-甲苯混合物等溶剂中。改性的橡胶室温下（18～29℃）被拉伸到原来长度的两倍并保持1 min后除掉外力，它能在1 min内恢复到原来长度的1.5倍以下，具有上述特征的材料称为橡胶。

注：（1）橡胶是一种材料，具有特定的使用性能和加工性能，属有机高分子材料。

（2）橡胶在室温下具有高弹性。

（3）橡胶能够被改性是指它能够硫化。

（4）改性的橡胶即硫化胶，它不溶解但能溶胀。

2.橡胶的分类

按原材料来源不同，橡胶可分为天然橡胶和合成橡胶两大类。其中，天然橡胶的消耗量占1/3，合成橡胶的消耗量占2/3。天然橡胶主要来源于三叶橡胶树，当这种橡胶树的表皮被割开时，就会流出乳白色的汁液，称为胶乳，胶乳经凝聚、洗涤、成型、干燥即得天然橡胶。合成橡胶是由人工合成方法制得的，采用不同的原料（单体）可以合成出不同种类的橡胶。合成橡胶又分为通用橡胶和特种橡胶。

通用橡胶：丁苯橡胶、顺丁橡胶、异戊橡胶、乙丙橡胶和氯丁橡胶。

特种橡胶：丁腈橡胶、氯丁橡胶、氯基橡胶、氟橡胶、氯醚橡胶、硅橡胶、聚氨酯橡胶、聚硫橡胶和丙烯酸酯橡胶。航空工程常用的合成橡胶的组成、性质和用途见表7-2。

表7-2 航空工程常用的合成橡胶

类　别	性　质	用　途
丁苯橡胶	良好的耐磨性、耐热性和抗老化性	外胎、密封和缓冲零件、胶布和胶管等

续表

类 别	性 质	用 途
丁腈橡胶	较高的强度和耐热性、耐油性	耐油零件,密封圈、垫,软油箱等
氯丁橡胶	耐氧和臭氧、耐油、耐溶剂性好,不易燃烧,密度大,电绝缘性差	胶管、胶带,电缆胶黏剂、油箱保护套等
聚硫橡胶	耐油性好,耐老化,气密性好,强度小,绝缘性差,耐温性差	燃油箱,燃油管,燃油、滑油系统密封件等
硅橡胶	导热、散热、耐热性好,透气性高,耐寒性较好,电绝缘性好	绝缘件、密封件、胶黏剂等
氟橡胶	较高的耐热、耐油、耐有机溶剂、耐化学药品性能,耐氧和大气老化性好,力学性能差,耐寒性差	特种电线、电缆护套,适用于高温、有机溶剂和化学药品腐蚀的场合

3. 橡胶材料的特点

橡胶材料的特点如下:

(1)高弹性。弹性模量低,伸长变形大,有可恢复的变形,并能在很宽的温度($-50\sim$150℃)范围内保持弹性。

(2)黏弹性。橡胶材料在产生形变和恢复形变时受温度和时间的影响,表现有明显的应力松弛和蠕变现象,在振动或交变应力作用下,产生滞后损失。

(3)电绝缘性。橡胶和塑料一样是电绝缘材料。

(4)有老化现象。如金属腐蚀、木材腐朽、岩石风化一样,橡胶也会因为环境条件的变化而产生老化现象,使性能变坏,寿命下降。

(5)橡胶材料必须进行硫化才能使用,热塑性弹性体除外。

(6)橡胶材料必须加入配合剂。

其他如相对密度小、硬度低、柔软性好、气密性好等特点,都属于橡胶的宝贵性能。

4. 橡胶在航空工程中的应用

(1)硅橡胶。硅橡胶具有高耐热性和耐寒性,在$-100\sim350$℃范围内保持良好弹性,是目前使用温度最宽的一种橡胶。硅橡胶还有优异的抗老化性能,对臭氧、氧、光和气候的老化抗力大。其绝缘性能也很好。硅橡胶主要用于飞机和宇航中的密封件、薄膜、胶管等,也用于耐高温的电线、电缆、电子设备等。

(2)氟橡胶。氟橡胶的突出优点是高的耐腐蚀性,它在酸、碱、强氧化剂中的耐蚀能力居各类橡胶之首,其耐热性也很好。氟橡胶主要用于国防和高技术中的高级密封件、高真空密封及化工设备中的衬里,火箭、导弹对的密封垫圈等。

橡胶的用途非常广泛,其制品如图 7-4 所示,在交通运输、建筑、电子、石油化工、农业、机械、军事和医疗等各个工业部门以及信息产业都获得了广泛的应用。

橡胶的最大用途是在于做轮胎,包括各种轿车胎、载重胎、力车胎、工程胎、飞机轮胎和炮车胎等。一辆汽车约需要 240 kg 橡胶,一艘轮船需要 60~70 t 橡胶,一架飞机需要 600 kg 橡胶,一门高射炮约需要 86 kg 橡胶。

图 7-4　橡胶制品

橡胶的第二大用途是制作胶管、胶带、胶鞋等制品,另外,制作如密封制品、轮船护舷、拦水坝、减震制品、人造器官、黏合剂等制品,应用范围非常广。有些制品虽然不大,但作用却非常重要,如美国"挑战者"号航天飞机因密封圈失灵而导致坠毁是航天史上的重大悲惨事件之一。

拓展阅读:橡胶发展进程中鲜为人知的故事

野生橡胶和硫化橡胶

茫茫苍苍的亚马孙河,像一条横卧在南美洲的巨龙,是世界最大的河流。这里常年雨水丰沛,阳光充足,郁郁葱葱的热带雨林,占整个地球森林覆盖率的一半以上,被生态学家称为"地球的肺叶"。

1735 年,法国科学院向美洲派遣了科学探险队,深入研究美洲的自然资源情况。科学家康达明在南美洲的亚马孙河谷首次发现了野生橡胶树。

"橡胶"(Caoutchouc)一词出自印第安语,意思是"树的眼泪"。

康达明研究天然橡胶的成果传出以后,在欧洲掀起了一场研究天然橡胶的热潮。

天然胶乳首先要炼制成固体生胶,然后进入运输和加工过程。人类在利用橡胶的过程中,遇到的第一个难题是如何溶解生胶。

1839 年的某一天,美国科学家古德伊尔不小心将有些橡胶和硫磺的混合物撒落在火热的炉子上,在清理烤焦的橡胶残骸后,他惊奇地发现,这种混合物虽然仍很热,却很干燥。突然,古德伊尔意识到也许这就是自己一直寻找的制造耐用、不受气候影响的橡胶的方法。于是,他又将一些橡胶和硫磺的混合物加热并冷却,发现它既不会因加热而变黏,也不会因遇冷而变硬,始终柔软而富有弹性。这个无意中的失误使古德伊尔魔术般地制作出了硫化橡胶。

这种新的工艺通常被称为"橡胶硫化",其实就是橡胶改性。

7.2　陶瓷材料

陶瓷是一种既古老又年轻的工程材料,在材料大家族中,远比金属和塑料古老。中国生产陶瓷已有数千年的历史。瓷器是中国古代劳动人民的伟大发明之一,英文单词"china"即为瓷器,据考证,它是中国景德镇在宋朝前的古名"昌南"镇的音译。

传统意义上的陶瓷是指陶器和瓷器。随着无机非金属材料的发展,陶瓷材料不仅包括陶瓷、玻璃、水泥和耐火材料等硅酸盐材料,还包括新型无机非金属材料,如氧化物、氮化物和碳化物等特种陶瓷材料。因此,广义上的陶瓷是指使用天然的或人工合成的粉状化合物经成形和高温烧结制成的无机非金属固体材料。因此,陶瓷也是无机非金属材料的总称。

近年来,陶瓷材料发展迅速,许多新型陶瓷的成分远远超出硅酸盐的范畴,陶瓷的性能面临着重大突破,陶瓷的应用已渗透到各类工业、各种工程和各个技术领域。现代陶瓷已经同金属、高分子化合物一起成为工程中的支柱性材料。

7.2.1　陶瓷材料简介

1. 陶瓷的分类

陶瓷的种类很多,分类很复杂,可按性能、用途和化学组成来分类,大致可分为普通陶瓷(传统陶瓷)、特种陶瓷和敏感陶瓷,具体见表 7 - 3。

表 7 - 3　陶瓷的分类

普通陶瓷 (传统陶瓷)	特种陶瓷(近代陶瓷、现代陶瓷、工程陶瓷)				敏感陶瓷 (功能陶瓷)
	按化学成分分类				
	氧化物陶瓷	氮化物陶瓷	碳化物陶瓷	复合陶瓷	
日用陶瓷	氧化铝陶瓷	氮化硅陶瓷	碳化硅陶瓷	金属陶瓷	半导体陶瓷
建筑陶瓷	氧化铍陶瓷	氮化硼陶瓷	碳化硼陶瓷	纤维增强陶瓷	压电陶瓷
绝缘陶瓷	氧化锆陶瓷	氮化铝陶瓷			介电陶瓷
化工陶瓷 (耐酸陶瓷)	氧化镁陶瓷				光学陶瓷
					磁性陶瓷
多孔陶瓷 (隔热保温)					生物陶瓷

普通陶瓷是以天然硅酸盐矿物(长石、黏土、石英等)为原料,经原料加工(制粉)—成型—烧结制成的固体材料,又称为硅酸盐陶瓷。普通陶瓷产量大,应用广,大量用于日用、建筑和化工等领域。

特种陶瓷又称为近代陶瓷、现代陶瓷和工程陶瓷,是人工合成的高纯度无机化合物(如 SiO_2,SiC,BN 和 SiN 等)制成的固体材料,具有各种特殊力学、物理、化学性能。按性能特点和应用,可分为电容器陶瓷、光电陶瓷、压电陶瓷、高温陶瓷和磁性陶瓷等,主要用于机械、电子、能源、冶金和一些高新技术领域。

敏感陶瓷也叫功能陶瓷,是指具有一定声、光、电、磁和热等特殊物理和化学性能特征的陶瓷材料。

2. 陶瓷材料的特点

(1)陶瓷材料的相组成特点。陶瓷是经高温烧结形成的致密性固体物质,组织结构比金属复杂。通常由三种不同的相组成,即晶相、玻璃相和气相(气孔)。各相的数量、形状、分布不同,陶瓷的性能不同。

1)晶相。晶相是陶瓷材料的主要组成相,其种类、大小、分布和数量对陶瓷材料物理化学性质起决定作用,主要有硅酸盐、氧化物及非氧化物三种。非氧化物是指不含氧的金属碳化物、氮化物、硼化物和硅化物。

晶相是化合物或者固溶体,在陶瓷中成为骨架。晶相可以有好几种,其中数量最多、作用最大的为主晶相,其余的为次晶相。主晶相的数量、形状和分布情况决定了陶瓷的主要特点和应用。

陶瓷一般也是多晶体,陶瓷晶体与非金属晶体一样也存在晶体缺陷,这些缺陷可加速陶瓷的烧结扩散过程,还影响陶瓷性能。晶粒越细,陶瓷强度越高。如刚玉（Al_2O_3）晶粒平均尺寸为 200 μm 时,抗弯强度为 74 MPa,而晶粒平均尺寸为 1.8 μm 时,抗弯强度可高达 570 MPa,即细化晶粒可以改善其性能。

2）玻璃相。玻璃相是一种非晶态固体,是陶瓷烧结时,各组成相与杂质产生一系列化学反应形成的液相在冷却凝固时形成的,是一种低熔点非晶体结构,一般由 SiO_2 或各种硅酸盐及其他杂质组成。

玻璃相的可填充空隙而提高材料致密度,降低烧结温度和抑制晶粒长大,黏结陶瓷中分散的晶相有一定的强度。但玻璃相熔点低、热稳定性差,在较低温度下开始软化,导致陶瓷在高温下发生蠕变,且其中常有一些金属离子而降低陶瓷的绝缘性。因此工业中陶瓷中玻璃相的数量要予以控制,一般占 20%～40%。

3）气相。气相是陶瓷中存在的气孔,是在工艺过程中形成并保留下来的,占陶瓷体积的 5%～10%（即陶瓷中的孔隙率常为 5%～10%）。

气相分布在玻璃相、晶界和晶内,使陶瓷材料的致密性降低,严重影响陶瓷的性能。由于气孔处易造成应力集中,使陶瓷强度降低,介电损耗增大,电击穿强度下降,绝缘性降低,因此要力求降低气孔数量,使其呈球状,均匀分布。气相还使陶瓷的密度减小,并能吸收振动,提高陶瓷的绝热性能。用作保温的陶瓷和化工用的过滤多孔陶瓷等需要增加孔隙率,有时孔隙率可高达 60%。

（2）陶瓷材料的性能特点。陶瓷的种类繁多,不同的陶瓷性能差异很大,同一类陶瓷受许多因素影响,性能波动范围也很大,但是存在以下一些共性:

1）力学性能。硬度高,耐磨性好。陶瓷材料的硬度是各类材料中最高的,大多在 1 000～5 000HV（淬火钢为 500～800HV,高分子材料最高不超过 20HV）。陶瓷材料的热硬性也很好,1 000℃以上仍能保持室温性能。

弹性模量高,脆性大。即刚性好,是各类材料中最高的,陶瓷材料在断裂前没有塑性变形,是典型的脆性材料,塑性几乎为零,冲击韧性很低,K_{IC} 为金属的 1/100～1/60。如果设法减少材料内部的缺陷（气孔和裂纹）,陶瓷材料的强度和韧性会大大改善。

抗拉强度低,抗压强度高。这是由于陶瓷材料组织的复杂性和不均匀性,以及致密、杂质、气孔等各种缺陷的影响,陶瓷材料的实际抗拉强度仅为理论强度的 1/200～1/100,但抗压强度高,为抗拉强度的 10～40 倍。陶瓷材料抗拉强度与抗压强度之比为 1:10,而金属中最脆的铸铁约为 1:3。

2）物理化学性能。熔点高（2 000℃以上）,耐热性好,是良好的高温材料。

热胀系数小,导热率低。用陶瓷材料制造的发动机体积小,热效率大大提高。随气孔率增加,陶瓷的热胀系数、导热率降低,故多孔或泡沫陶瓷可作绝热材料。

抗热冲击性（热震性）差,急冷急热时容易开裂。

电阻率高、绝缘性好,大部分陶瓷可作为绝缘材料。

有些陶瓷具有特殊的物理性能,如光学性能、磁性、压电效应、半导体性能等。

化学稳定性高,抗氧化性优良,在 1 000℃高温下不会氧化,抗熔融金属的侵蚀性高,可用来制作坩埚,并对酸、碱、盐有良好的抗蚀性,故在化工工业中广泛应用。

3.陶瓷材料的制备工艺

陶瓷制品种类繁多,其生产工艺过程各不相同,大部分陶瓷的生产都要经过原料制备、成型和烧结三个阶段。

(1)原料制备。原料制备过程随原料的种类、成型工艺及对原料性能的要求而不同。原料的加工直接影响成型的加工性能和陶瓷制品的使用性能。例如,为了控制制品的晶粒大小,就要将原料的力度控制在一定范围之内;根据成型工艺要求,要将原料制备成粉状、浆料或可塑泥团;为了控制制品的使用性能,就要按照一定比例配料并混合均匀。

(2)成型。

1)可塑成型。通过手工或机械挤压、车削,使可塑泥团成型。其中,挤压成型适合于加工各种管状产品和断面形状规则的磁棒或轴,车削成型用于加工形状较为复杂的圆形制品。

2)压制成型。将粉料用一定工具或模具压制成一定形状、尺寸、密度和强度的生坯,它和粉末冶金成型方法基本一样。

3)注浆成型。将浆料注入模具成型,具体过程如下:先将浆料注入石膏模中,经过一定时间后,在模壁上黏附着具有一定厚度的坯料,然后将多余浆料倒出,坯料形状在模型型腔内固定下来。此法常用于制造形状复杂、精度要求不高的日用陶瓷和建筑陶瓷。

(3)烧结。未经烧结的陶瓷坯料是许多固体颗粒的堆积,称为生坯。生坯经初步干燥后,进行涂釉烧结或直接烧结。高温烧结时,陶瓷内部会发生一系列物理化学变化及相变,如体积减小,密度增加,强度、硬度提高,晶粒发生相变等,使陶瓷制品达到所要求的物理化学性能。

7.2.2　特种陶瓷

当今为满足现代工业的需求,又采用纯度更高及人工合成原料制出了许多具有优异性能的陶瓷,称为特种陶瓷。工程上最重要的是高温陶瓷,包括氧化物陶瓷、硼化物陶瓷、氮化物陶瓷和碳化物陶瓷。

1.氧化物陶瓷

氧化物陶瓷熔点大多在 2 000℃以上,烧结温度约为 1 800℃,为单相多晶体结构,有时有少量气相。应用最多的氧化物陶瓷是 Al_2O_3,ZrO_2,MgO,CaO,BeO 和 ThO_2 等。

氧化物陶瓷最突出的优点是不存在氧化问题,原料价格低廉,生产工艺简单,强度随温度的升高而降低,但是在 1 000℃以下时一直保持较高强度,随温度变化不大。

(1)氧化铝陶瓷(刚玉)。氧化铝陶瓷以 Al_2O_3 为主要成分,含有少量 SiO_2 的陶瓷,又称高铝陶瓷。

据 Al_2O_3 含量不同分为 75 瓷(含 75％Al_2O_3,又称刚玉-莫来石瓷)、95 瓷和 99 瓷,后两者又称刚玉瓷。刚玉瓷可在 1 600℃高温下长期使用,蠕变很小,也不会氧化。根据含杂质的多少,氧化铝呈红色(如红宝石)或蓝色(如蓝宝石)。

因为 Al 和 O 之间的键结合力很大,氧化铝的熔点达 2 050℃,所以氧化铝陶瓷抗氧化性好,特别耐酸、碱侵蚀,还能抵抗金属和玻璃熔体的侵蚀,耐高温性能好,可在 1 950℃下使用,具有良好的电绝缘性能及耐磨性。

氧化铝含量越高则强度越高,而硬度仅次于金刚石、立方氮化硼、碳化硼和碳化硅,可达92~93HRA,其中微晶刚玉的硬度仅次于金刚石,红硬性达 1 200℃,可作要求高的工具,如切削淬火钢刀具、金属拔丝模等。

氧化铝陶瓷用于制作高速切削刀具时胜过硬质合金,还可作拉丝模、人造宝石、内燃机的火花塞、汽车三元催化转化器载体、火箭、导弹的导流罩及轴承等。

氧化铝陶瓷还被广泛用作耐火材料,如耐火砖、坩埚和热偶套管。氧化铝的致密度高的可作真空陶瓷,多孔的可作绝热材料。

(2)氧化铍陶瓷。氧化铍陶瓷具备一般陶瓷的特性,导热性极好,具有很高的热稳定性,抗热冲击性较高,但强度不高。

氧化铍陶瓷可用作制造熔化某些金属的坩埚,还可作真空陶瓷和原子反应堆陶瓷,气体激光管、晶体管散热片和集成电路的基片和外壳等。

(3)氧化锆陶瓷。氧化锆陶瓷的熔点在2 700℃以上,热导率小,耐蚀、耐热,能抗熔融金属的侵蚀,硬度高,可长期在2 000~2 200℃稳定使用,主要用作耐火坩埚、模具、高温炉和反应堆的绝热材料、金属表面的防护涂层。

2.碳化物陶瓷

碳化物陶瓷的突出特点是具有很高的熔点、硬度(近于金刚石)和耐磨性(特别是在侵蚀性介质中),还具有很好的热稳定性、抗蠕变性、耐蚀性、导热性、耐辐射性及低的热膨胀性。其缺点是耐高温(为900~1 000℃)氧化能力较差、脆性极大,这是由于在高温下,碳化物陶瓷会迅速氧化,并且会与热或熔融的黑色金属发生反应。

(1)碳化硅(SiC)陶瓷。碳化硅是通过键能很高的共价键结合的晶体。碳化硅陶瓷是用石英砂(SiO_2)加焦炭直接加热至高温还原而成:

$$SiO_2 + 3C \rightarrow SiC + 2CO \uparrow$$

碳化硅陶瓷的最大特点是高温强度高,有很好的耐磨损、耐腐蚀、抗蠕变性能,热膨胀系数小,其热传导能力很强,仅次于氧化铍陶瓷。

碳化物陶瓷主要用作耐火材料,火箭喷嘴、浇铸金属的喉管、热电偶套管、炉管、燃气轮机叶片及轴承,泵的密封圈、拉丝成型模具等。

(2)碳化硼陶瓷。碳化硼陶瓷的硬度极高,抗磨粒磨损能力很强,熔点高达2 450℃,在高温下会迅速氧化,并且会与热或熔融的黑色金属发生反应,因此其使用温度限定在980℃以下,主要用作磨料,有时用于超硬工具材料。

(3)其他碳化物陶瓷。碳化钼、碳化铌、碳化钽、碳化钨和碳化锆陶瓷的熔点和硬度都很高,在2 000℃以上的中性或还原气氛作高温材料;碳化铌和碳化钛还可用作2 500℃以上的氮气气氛中的高温材料。

3.硼化物陶瓷

最常见的硼化物陶瓷包括硼化铬、硼化铝、硼化钛、硼化钨和硼化锆等,其特点是具有高硬度、较好的耐化学侵蚀能力,熔点范围为1 800~3 000℃。比起碳化物陶瓷,硼化物陶瓷具有较高的抗高温氧化性能,使用温度达1 400℃,主要用于高温轴承、内燃机喷嘴、各种高温零部件,处理熔融铜、铝、铁的器件等。

4.氮化物陶瓷

与氧化物陶瓷不同,氮化物陶瓷原子间主要是以共价键结合在一起,因而具有较高的硬度、模量和蠕变抗力,并且能把这些性能的大部分保持到高温条件下,这是氧化物陶瓷无法比拟的。但是氮化物陶瓷烧结困难,生产成本高。

（1）氮化硅（Si_3N_4）陶瓷。氮化硅是由 Si_3N_4 四面体组成的共价键固体。氮化硅陶瓷的强度、比强度和比模量都高；硬度仅次于金刚石和碳化硼等；摩擦因数仅为 0.1～0.2，且具有自润滑作用；热膨胀系数小；抗热震和耐热疲劳性能好，在 1 200℃ 以下强度保持不变，抗热震性大大高于其他陶瓷材料；化学稳定性高（能耐除 HF 外的各种无机酸、碱及某些金属胶体的侵蚀）。

氮化物陶瓷一般用于切削刀具、耐腐蚀耐磨的密封环、热电偶套管、高温轴承、燃气轮机转子及叶片等。

（2）氮化硼陶瓷。六方氮化硼为六方晶体结构，也叫"白色石墨"，具有自润滑性能。硬度高，可进行各种切削加工；导热和抗热性能高，耐热性好，高温下耐腐蚀、绝缘性好。

氮化硼陶瓷用于高温耐磨材料绝缘材料和耐火润滑剂等。在高压和 1 360℃ 时六方氮化硼转化为立方氮化硼，硬度接近金刚石的硬度，用作金刚石的代用品，制作耐磨切削刀具、高温模具和磨料等。

不同种类的特种结构陶瓷，各具有不同的优异性能（见表 7-4），但作为主体结构材料，其共同的弱点是塑性、韧性差，强度低。

表 7-4　特种陶瓷的应用

名　　称	性　能　特　点	用　　途
氮化硅陶瓷 Si_3N_4	耐腐蚀、耐高温、摩擦因数小、耐磨性好	制造在高温和腐蚀条件下工作的轴承、发动机高温零件（如涡轮叶片、燃油喷嘴、燃烧室内壁）
碳化硅陶瓷 SiC	耐高温、硬度和耐磨性高	制造砂轮、磨料、发动机高温零件（如涡轮叶片、燃油喷嘴、燃烧室内壁）
氧化铝陶瓷 Al_2O_3	电绝缘性高，耐腐蚀、耐高温、热硬性好。但脆性大，不耐热冲击	制造绝缘器件、刀具、工业炉内衬、坩埚等
氮化硼陶瓷 BN	六方氮化硼硬度低、有自润滑性，故又称"白色石墨"。在高温耐腐蚀、电绝缘性好	制造高温轴承、高温绝缘体、坩埚等
	立方氮化硼硬度接近金刚石	制造刀具、热挤压模具等。

7.2.3　硬质合金

硬质合金是用粉末冶金法生产的超硬工具材料，可以用来制造刀具、模具和量具。以碳化钨（WC）、碳化钛（TiC）、碳化钽（TaC）等高熔点、高硬度碳化物为主要元素制成的材料为金属陶瓷硬质合金；用碳化物和合金钢（如高速钢、铬钼钢等）为主要元素制成的材料则称为钢结硬质合金。

1. 金属陶瓷硬质合金

（1）性能特点。

1）硬度非常高，达 85～93HRA（相当于 69～81HRC），能够切削硬度为 55HRC 左右的淬火钢。

2）热硬性非常好，在 900～1 000℃ 的高温仍能保持高硬度，其切削速度比高速钢高 5～8 倍。

3）耐磨性好，刀具寿命可比高速钢高 5～80 倍。

4）抗拉强度和冲击韧性比较低。

（2）用途。金属陶瓷硬质合金可用于制造刀具、量具和冷变形模具。由于金属陶瓷硬质合金脆性大，不能进行切削加工，难以制成形状复杂的整体刀具，一般是将金属陶瓷硬质合金制作成镶片，再用焊接、螺纹连接等方法与刀具、量具、模具的主体相连接。

（3）金属陶瓷硬质合金的分类、牌号。硬质合金具体分类见表 7-5。

表 7-5　硬质合金的分类、牌号和用途

类　　别	国内牌号	ISO 牌号	成分/(%)				用　　途
			WC	TiC	TaC	Co	
钨钴类	YG6	K20	94			6	切削铸铁、有色金属的刀具。(红硬性差、易和切屑黏结，使刀头前面磨损，故不宜切削软钢等韧性金属)
	YG8	K30	92			8	
钨钴钛类	YT5	P30	85	5		10	切削钢件的刀具。(红硬性较 YG 好，但性脆，不耐冲击，不宜加工脆性金属)
	YT14	P20	79	14		7	
	YT15	P10	79	15		6	
通用类	YW1	M10	84	7	4	5	切削各种金属材料的刀具。(耐磨性、耐热性均好)
	YW2	M20	82	7	4	7	

1）钨钴类硬质合金。钨钴类硬质合金的主要成分是碳化钨（WC）和黏结剂钴（Co）。其牌号是由"YG"（"硬""钴"两字汉语拼音字首）和平均钴含量的百分数组成。

例如：YG8，表示平均钴含量为 8%，其余为碳化钨的钨钴类硬质合金。

2）钨钴钛类硬质合金。钨钴钛类硬质合金的主要成分是碳化钨、碳化钛（TiC）及钴。其牌号由"YT"（"硬""钛"两字汉语拼音字首）和碳化钛平均含量组成。

例如：YT15，表示平均钛含量为 15%，其余为碳化钨和钴含量的钨钴钛类硬质合金。

3）钨钛钽（铌）类硬质合金。钨钛钽（铌）类硬质合金的主要成分是碳化钨、碳化钛、碳化钽（或碳化铌）及钴。这类硬质合金又称通用硬质合金或万能硬质合金。其牌号由"YW"（"硬""万"两字汉语拼音字首）加顺序号组成，如 YW1。

2. 钢结硬质合金

钢结硬质合金的性能介于金属陶瓷硬质合金与合金工具钢之间。它具有钢材的加工性，经退火后可以进行切削加工，也可以进行锻造和焊接，经淬火回火后，具有相当于硬质合金的高硬度和高耐磨性，适用于制造各种形状复杂的刀具，如麻花钻和铣刀等，也可以用作在较高温度下工作的模具和耐磨零件。

习　　题

一、单项选择题

1.1907 年人类合成的第一种高分子材料是（　　）。

A. 尼龙-66　　　　B. 聚四氟乙烯　　　　C. 酚醛树脂　　　　D. 有机玻璃

2. 下面（　　）是高分子材料。

A. 葡萄糖　　　　B. 蔗糖　　　　C. 纤维素　　　　D. 果糖

3. 下面（　　）是天然高分子。

A. 羊毛　　　　B. 塑料　　　　C. 黏胶纤维　　　　D. 橡胶

4. 以下（　　）是合成高分子。

A. 蛋白质 　　　　　B. 石棉 　　　　　　C. 苎麻 　　　　　D. 塑料

5. 高分子材料的发展速度快的主要原因是（　　　）。

A. 具有良好的力学性能

B. 合成高分子材料工艺简单，生产快速，且容易制得新品种

C. 密度小

D. 性能稳定，不易老化

6. 塑料的主要成分是（　　　）。

A. 填料 　　　　　　B. 着色剂 　　　　　　C. 树脂 　　　　　D. 稳定剂

7. 以下（　　　）是热固性树脂。

A. 有机玻璃 　　　　B. 环氧树脂 　　　　　C. 聚苯乙烯 　　　D. 聚乙烯

8. 关于热固性塑料和热塑性塑料的说法正确的是（　　　）。

A. 热固性塑料是线性高分子，可以在有机溶剂中溶解

B. 热塑性塑料不能循环利用，回收困难

C. 热塑性塑料可以反复熔融和再成型加工

D. 热固性树脂可以回收利用

9. （　　　）不是塑料的特点。

A. 大部分为良好绝缘体 　　　　　　　　B. 密封性好

C. 具光泽，部分透明或半透明 　　　　　D. 耐化学侵蚀

10. （　　　）是塑料的优点。

A. 强度高 　　　　　B. 耐热性好 　　　　　C. 质量轻 　　　　D. 耐老化

11. （　　　）不是塑料的缺点。

A. 回收利用废弃塑料时，分类十分困难，而且经济上不划算

B. 塑料容易燃烧，燃烧时产生有毒气体

C. 塑料是由石油炼制的产品制成的，石油资源是有限的

D. 塑料容易制成各种形状的产品

12. （　　　）是有机玻璃的主要优点。

A. 硬度小，容易磨损划伤 　　　　　　　B. 受振动易碎裂

C. 导热性差 　　　　　　　　　　　　　D. 很好的透光性

13. 塑料王是（　　　）。

A. 聚乙烯 　　　　　B. 聚丙烯 　　　　　　C. 聚四氟乙烯 　　D. 聚氯乙烯

14. 橡胶的主要成分是（　　　）。

A. 生胶 　　　　　　B. 配合剂 　　　　　　C. 阻燃剂 　　　　D. 稳定剂

15. 以下（　　　）是通用橡胶。

A. 丁腈橡胶 　　　　B. 氯丁橡胶 　　　　　C. 丁苯橡胶 　　　D. 氟橡胶

二、拓展思考题

1. 什么是高分子材料？高分子材料得到广泛应用的原因是什么？

2. 简述有机玻璃的优缺点以及其在航空领域的主要应用。

3. 塑料王具有哪些特点？简述其在航空领域的用途。

4. 对飞机轮胎进行维护时应注意哪些问题？

5. 热塑性塑料和热固性塑料有何区别？

模块 8   树脂基复合材料

❖学习目标：
(1)熟悉树脂基复合材料的主要组成及作用；
(2)熟悉树脂基复合材料常用成型方法。
❖学习重点：
(1)掌握复合材料定义、分类和性能特点；
(2)掌握常用树脂基复合材料性能特点及应用。

随着科学技术的进步,我们对材料的性能也提出了更高的要求,如对结构材料,要求材料具有更高的强度、模量,密度更低等。本书前面介绍的金属材料、高分子材料和陶瓷材料,因材料固有的特性,或在比强度、比模量上,或在材料韧性上,存在一定的不足。例如,在飞机中大量采用金属材料(钢、铝、镁)和塑料,钢强度高但密度大,而塑料、铝或镁虽密度低但强度和弹性模量低。为了进一步提高飞机的飞行性能,必须减轻材料的质量,还要保证强度和模量,因此,要研究和开发新的航空材料。

当单一材料无法满足现代科学技术发展的要求时,材料科学工作者要另辟蹊径。在材料的设计上,可以考虑"扬长避短",充分利用上述三种材料各自的长处,相互配合,就可研究开发出一类新型的材料,这类材料即复合材料。

8.1   复合材料简介

8.1.1   复合材料的定义

国际标准化组织将复合材料定义为:复合材料是由两种或两种以上在物理和化学上不同的物质组合起来而得到的一种多相固体材料。广义上来讲,复合材料是由不同材料(包括金属、无机非金属和有机高分子材料)互为基体或增强材料,通过复合工艺组合而成的新型材料,它除保留原组分材料的主要特色外,又能通过复合效应获得原组分材料不具备的性能。通过设计,可以使各组分材料彼此关联,性能互补,从而获得新的优异性能。由于界面作用,它与一般材料的简单混合有本质区别。

从上述定义出发,决定复合材料性能和质量的主要因素是:
(1)原材料组分的性能和质量；
(2)原材料组分比例及复合工艺；
(3)复合材料的界面黏结及处理。

明确这些观点,对复合材料的研究、设计和制造具有指导意义。

8.1.2　复合材料的分类

在复合材料的分类上,以基体分类时一般就分为四大类复合材料,即树脂基复合材料(PMC)、金属基复合材料(MMC)、陶瓷基复合材料(CMC)和碳/碳复合材料(C/C)。当然,也有以增强材料的形态分类,如纤维增强、晶须增强和颗粒增强复合材料等。

1. 树脂基复合材料

树脂基复合材料是以热固性或热塑性树脂为基体材料,以玻璃纤维、碳纤维或芳纶纤维等为增强相,通过一定的复合工艺(赋型、浸渍和固化)制成的一种复合材料。其主要性能特点如下:

(1)比强度、比模量高。强度、模量分别除以密度值得到比强度和比模量,这是衡量材料承载能力的指标。玻璃钢的比强度可达钢材的 4 倍以上,但玻璃钢的比模量不高。碳纤维增强环氧树脂复合材料的比强度可达铁的 4.9 倍以上,比模量可达铝的 5.7 倍以上(见表 8-1),这对要求自重轻的产品意义颇大。

表 8-1　几种常用材料与树脂基复合材料的比强度、比模量

材料名称	密度 /(g·cm^{-3})	抗拉强度/MPa	弹性模量/GPa	比强度/ (N·m·kg^{-1})	比模量/ (N·m·kg^{-1})
钢	7.8	1 010	210	130	27 000
铝合金	2.8	470	75	170	26 000
钛合金	4.5	930	114	210	25 000
玻璃钢	2.0	1 060	40	530	21 000
碳纤维Ⅱ/环氧	1.45	1 472	140	1 030	21 000
碳纤维Ⅰ/环氧	1.6	1 050	240	670	150 000
有机纤维 FRD/环氧	1.4	1 373	80	1 000	57 000
硼纤维/环氧	2.1	1 344	210	660	100 000

空客是首家在大型民用飞机上广泛采用复合材料的飞机制造商。在其从事民机制造的数十多年来,空客飞机的复合材料结构的占比日益增加,从最初的空客 A300 飞机的不足 5%,到空客 A380 飞机的 25%,再到空客 A350XWB 的 52%。波音最新研制的波音 787 梦想客机所使用的材料中,复合材料占比亦达到 50%,全机主要结构均将用树脂基复合材料制成,这些主要结构包括机翼、机身、垂尾、平尾、方向舵、地板梁及部分舱门、整流罩等。

(2)抗疲劳性能好。疲劳破坏是材料在交变载荷作用下,由于微观裂缝的形成和扩展而造成的低应力破坏。金属材料的疲劳破坏是由里向外突然发展的,往往事先无征兆。而纤维复合材料中纤维与基体的界面能阻止裂纹扩展,其疲劳破坏总是从材料的薄弱环节开始,逐渐扩展,破坏前有明显征兆。大多数金属材料的疲劳极限是其拉伸强度的 40%~50%,碳纤维复合材料则达 70%~90%。纤维增强树脂基复合材料的抗声振疲劳性能亦佳。

(3)减振性好。复合材料中的纤维与树脂基体界面有吸振能力,故其振动阻尼甚高,可避

免共振导致的破坏。针对形状、尺寸相同的轻金属合金及碳纤维复合材料所制的悬臂梁做过振动试验,前者需要 9 s 才能停止振动,后者仅需要 2.5 s。

(4)破损安全性好。纤维复合材料基体中有大量独立的纤维,每平方厘米上的纤维少则几千根,多至上万根,当构件超载并有少量纤维断裂时,载荷会迅速重新分配在未破坏的纤维上,这样在短期内不至于使整个构件丧失承载能力。

(5)耐化学腐蚀。一般而言,耐化学腐蚀性主要决定于树脂基体。常见的热固性树脂体系一般都耐酸、弱碱、盐、有机溶剂和海水等。热塑性树脂体系耐化学腐蚀性一般较热固性为佳。玻璃纤维不耐氢氟酸等氟化物,生产氢氟酸等氟化物的复合材料产品时,接触氟化物表面的增强材料不能用玻璃纤维,可采用不饱和聚酯或丙纶纤维(薄毡),基体亦须采用耐氢氟酸的树脂,如乙烯基酯树脂。

(6)电性能好。玻璃纤维增强材料绝缘性可达到很高水平,亦可做成防静电的或导电的材料,在高频下能保持良好的介电性能,不受电磁作用,不反射电磁波,能透过微波。

(7)可设计性好。可以根据对材料的性能要求,在基体、增强材料的类型、含量、排列方向上进行自由选择,并进行适当的制备与加工。

2. 金属基复合材料

金属基复合材料的基体大多是属于密度低的轻金属,如铝、镁和钛等,只有作为发动机叶片材料才考虑密度较大的镍和钴基高温合金等。因此,以基体来分类可分为铝基复合材料、钛基复合材料、镁基复合材料和高温合金基复合材料。除高比强度、比模量外,金属基复合材料还保留有金属材料的优点,具有高韧性、耐热冲击、导电和导热性能好,并可和金属材料一样进行热处理和其他加工来进一步提高性能。

短纤维、晶须和颗粒增强材料在金属基复合材料的应用以及金属基复合材料新的制备技术开发,这种技术降低了成本,扩大了铝基金属基复合材料在民用领域的应用,最明显的是在汽车工业中的应用。Al_2O_3 颗粒或短纤维、SiC 颗粒或晶须、B_4C 颗粒增强的铝基金属基复合材料具有良好的高温力学性能、导热性和耐磨性,因此可制成汽车发动机的汽缸套、活塞(活塞环)、连杆、气门挺柱以及制动器的刹车盘、刹车衬片等。

3. 陶瓷基复合材料

陶瓷材料具有高强度、高模量、高硬度以及耐高温、耐腐蚀等许多优良的性能。但陶瓷最大的缺点是脆性太大和热震性差,这些限制了其在工程领域作为结构材料的广泛使用。因此,采用纤维、晶须、颗粒等增强增韧提高陶瓷材料的韧性,提高其使用的可靠性,成为研究复合材料的重要方面。

目前,陶瓷基复合材料的基体主要有玻璃陶瓷(如锂铝硅玻璃、硼硅玻璃)和氧化铝、氧化锆、碳化硅、氮化硅等,采用的增强材料有碳化硅纤维、碳纤维、碳化硅晶须、碳化硅颗粒和氧化铝颗粒等。从增韧效果来看,纤维增韧效果最佳,如碳纤维增韧氮化硅复合材料(C_f/Si_3N_4)的断裂韧性由基体的 3.7 $MPa \cdot m^{1/2}$ 提高为近 16 $MPa \cdot m^{1/2}$,C_f/SiC 复合材料和 SiC_f/SiC 复合材料的断裂韧性甚至达 30 $MPa \cdot m^{1/2}$,比基体韧性高 6~7 倍。而晶须和颗粒增韧的陶瓷基复合材料的性能虽然不如纤维增韧,但与陶瓷基体相比仍有较大提高,同时强度和模量也有较大提高。

由于陶瓷基复合材料的高硬度、耐腐蚀性和耐磨性,如 SiC_w/Al_2O_3 复合材料和 SiC_w/Si_3N_4 复合材料等陶瓷基复合材料广泛应用于现代高速、数控机床中的高速以及加工高硬度材料的切削刀具。SiC_w/Al_2O_3复合材料制成的钻头和颗粒增强氮化硅制成的复合材料刀具,可以切削高硬度(60HRC以上)的高铬铸铁。同样,陶瓷基复合材料还制成耐磨耐蚀件,如拔丝模具、耐蚀密封阀和化工泵等。

陶瓷基复合材料的最大特点是其高温强度高和高温模量高,因此其最大的应用在航空、航天领域,如发动机的各种高温结构件叶片、燃烧室等和导弹的鼻锥和火箭喷管。这是陶瓷基复合材料应用的方向。此外,陶瓷基复合材料还可以制作人工关节等,因此其在生物医学领域得到广泛的应用。

4. 碳/碳复合材料

碳/碳复合材料是由碳纤维及其制品(碳毡、碳布等)增强的碳基复合材料。碳/碳复合材料的组成只有一个元素,即碳元素,因此具有碳和石墨材料的所特有优点,如密度低、优异热性能如耐烧蚀性、抗热震性、高导热性和低膨胀系数等,特别是高温下的高强度和高模量,其强度随着温度的升高而升高,以及其高的断裂韧性、低蠕变等性能,使碳/碳复合材料称为目前唯一可用于高温达 2 800℃的高温复合材料。

碳/碳复合材料首先在航空、航天领域得到应用,最初是作为耐烧蚀材料和热结构材料用于军事工业的导弹弹头和固体火箭发动机喷管等。战略弹道导弹的弹头除要满足再入大气层时为声速 10~20 倍的高速和几十兆帕的局部压力外,还要经受上千度的气动加热,弹头必须进行烧蚀防热处理以提高导弹的命中精度,而碳/碳复合材料成为最佳材料。另一个在军事领域的用途是作为固体火箭发动机喷管、喉衬,这也是利用了碳/碳复合材料的这些特性。当今,所有的火箭和导弹都采用碳/碳复合材料作为头锥、洲际导弹弹头的鼻锥帽、固体火箭喷管和航天飞机的机翼前缘,是因为这些部位是航天飞机进大气层时需要经受近 2 000℃的高温。

碳/碳复合材料的另一重要的性能是其优异的摩擦、磨损性能。碳/碳复合材料中的碳纤维除增强碳基体外,也提高了复合材料的摩擦因数。在高速、高能量条件下的摩擦升温高达 1 000℃以上时,碳/碳复合材料摩擦性能仍然保持平稳,而且磨损量很低,这是其他摩擦材料所不具有的。正因为如此,碳/碳复合材料作为军用和民用飞机的刹车盘材料得到了越来越广泛的应用,迄今为止至少有 50 种不同机型的飞机采用碳/碳复合材料复合材料刹车盘,这是碳/碳复合材料最大的应用领域。目前,60%~70%的碳/碳复合材料主要用于摩擦材料,包括飞机刹车盘,F-1 赛车、高速列车的刹车盘材料。

碳/碳复合材料的另一用途是利用其与人体的生物相容性,用于生物医学领域,例如,人工心脏瓣膜、人工骨骼、人工牙根和人工髋关节等。

8.2 树脂基复合材料成型工艺

8.2.1 原材料

复合材料的主要组成是基体材料和增强材料。

1. 基体材料

在复合材料成型过程中,基体材料经过一系列复杂的物理-化学变化,把增强纤维黏结成具有一定形状的整体。复合材料的耐热性、吸湿性、湿热性能、耐化学性、疲劳性能以及工艺性能和某些特殊性能等主要取决于树脂基体的性能,树脂基体发展水平是先进复合材料研究与应用水平高低的重要标志。

基体材料的力学性能,相对于增强材料,无论是强度还是弹性模量都差得多。例如,基体材料的拉伸强度一般低于 1×10^3 kg/cm^2,而拉伸弹性模量则在$(2\sim5)\times10^4$ kg/cm^2 之间。由此可见,一般认为复合材料的力学性能主要取决于增强材料是对的,但不够全面。

就拉伸强度来说,复合材料的拉伸强度主要取决于增强材料,这是毫无疑问的,但也不能完全忽视基体材料的作用。这是因为通过基体材料将增强材料黏结成整体,基体材料起着传递载荷和均衡载荷的作用,如果基体材料这一作用发挥得不好,势必影响增强材料整体强度的充分发挥。

此外,由于基体材料的断裂延伸率和增强材料的不一致,当受外力作用时,如果基体材料的延伸率低而首先断裂破坏,就会导致整个复合材料结构的破坏。这说明基体材料的延伸率大小也将影响增强材料的强度能否充分发挥。同样,复合材料的拉伸弹性模量主要也是由增强材料决定的,然而又与树脂含量有很大关系。

就复合材料压缩强度来说,不能简单地认为以纤维强度为主。大家知道,一根绳子可以承受相当大的拉力,但是受不了压力。同样,纤维材料可以承受很大的拉力,但是不能单独承受压力,它只能在基体材料支承下承受压力。

至于复合材料的层间剪切强度,更明显地是不取决于增强材料的强度,而主要取决于树脂的强度和界面的黏结性能。

树脂基体材料的热变形温度和热老化温度都比无机纤维及碳纤维的相差很多。合成树脂为主的基体材料,在300℃条件下,一般都引起氧化、降解和交联等化学反应而导致性能迅速变坏,由此可见,要提高复合材料(除有机纤维外)的耐热性能,关键在于选择耐热性好的基体材料。

此外,基体材料耐介质和耐化学腐蚀性能随树脂化学结构不同可有很大的差异。因此,复合材料的耐介质和耐化学腐蚀性能与选用基体材料类别有很大关系。

由无机纤维和有机纤维制得的复合材料,可用作电绝缘材料和雷达罩材料。一般来讲,要制得具有较好介电性能的复合材料,既要选择电绝缘性能较好的增强材料,又需要采用介电性能良好的树脂作基体材料。

综上所述,复合材料的各种性能,除与增强材料有关外,还取决于基体材料。在增强材料选定后,复合材料的性能随着所选用的树脂不同而异。

先进复合材料的树脂基体主要包括热固性和高性能热塑性树脂,其中广泛应用的热固性基体,主要包括环氧、双马、酚醛、氰酸酯树脂和聚酰亚胺树脂等。环氧树脂一般具有工艺性好、成本较低等特点,使用温度一般不高于150℃;双马树脂的工艺性不如环氧树脂,但优于聚酰亚胺树脂,具有优异的力学性能,使用温度一般不高于180℃;氰酸酯树脂具有优异的介电性能,耐温等级及工艺性能与双马树脂相近;聚酰亚胺是耐温等级最高的一类树脂体系,最高使用温度可达371℃,一般应用于发动机相关结构。高性能热塑性树脂具有优异的韧性、损伤容限般、良好的耐环境、低吸湿率和低释放速率等特点,并且其成型周期短,可多次熔融重复成型。

2.增强材料

以聚合物为基体、用作结构件的复合材料,大都以纤维状材料作增强材料,这些材料有玻璃纤维、碳纤维和芳纶纤维等。

无碱玻璃纤维通称 E-玻璃纤维,主要成分是钙铝硼硅酸盐,碱金属氧化物含量小于 0.5%,国外一般为 1%左右。无碱玻璃纤维抗拉强度(1 000~3 000 MPa)比钢丝还高,与金属材料相比质量较轻(2.5 g/cm³),与金属铝相当;抗疲劳强度高,对须经受冲击载荷的结构材料而言也是重要优点;优异的电性能,绝缘强度高,介电常数低;尺寸稳定性好,在最大应力条件下,延伸率仅为 3%~4%;耐高温,在 343℃时,抗拉强度保留率 50%以上;化学稳定好,耐候性好,导热系数低,用作电绝缘材料时能迅速散热;几乎不吸水,遇火不燃烧、不冒烟。这一系列优异性能使它成为近代工业中应用最广泛的增强材料、电绝缘材料和工业材料。

碳纤维是高级复合材料的增强材料,具有轻质、高强、高模、耐化学腐蚀和热膨胀系数小等一系列优点。碳纤维的密度为 1.7~2.1 g/cm³;高强度,T300 的强度为 3 550 MPa 到 T1000 的强度 7 000 MPa,是目前已发现的强度最高的材料;高模量,T300 的 235 GPa 到 M70J 的模量 690 GPa,是钢的 3 倍以上,沥青基碳纤维 K-1100 模量高达 965 GPa,接近石墨理论值。因此,碳纤维增强的复合材料具有高的比强度和比模量,它比绝大多数金属的比强度高 7 倍以上,比模量为金属的 5 倍以上。由于这个优点,其复合材料可广泛应用于航空、航天、汽车工业和运动器材等。

芳纶纤维是一种新型高科技合成纤维,具有超高强度、高模量和耐高温、耐酸耐碱、质量轻等优良性能,其强度是钢丝的 5~6 倍,模量为钢丝或玻璃纤维的 2~3 倍,韧性是钢丝的 2 倍,而质量仅为钢丝的 1/5 左右,在 560℃的温度下,不分解,不熔化。它具有良好的绝缘性和抗老化性能,具有很长的生命周期。

8.2.2 常用成型工艺

1.手糊成型

(1)工艺原理。手糊成型是指手工将增强纤维和树脂交替地铺敷在模具上,黏结在一起然后常温固化成型的工艺,是复合材料工业最早使用的一种成型方法。在 20 世纪 70—80 年代末期,我国手糊成型占 85%以上,2008 年占 36%左右,"十二五规划"中要求降到 25%左右。但是由于手糊成型工艺所具有的独特的其他工艺不可替代的特点,尤其是在生产大型制品方面,故目前该工艺成型方法仍占有重要的地位。

(2)原材料。手糊成型对增强材料的性能要求如下:一是对树脂的浸润性好;二是随模性好,以满足形状复杂制品成型的要求;三是满足制品的主要性能要求;四是价格便宜。目前,手糊成型使用的增强材料主要是玻璃纤维无捻粗纱布(方格布),也有的用碳纤维。

手糊成型对基体材料要求如下:一是对增强材料具有良好的润湿性,黏度一般在 0.25~1.2 Pa·s;二是可在室温或低于室温下凝胶、固化,无须加压,固化时无低分子物质产生;三是无毒或低毒;四是满足制品主要性能,价格便宜。目前,手糊成型主要使用的基体材料是不饱和聚酯树脂,其次是环氧树脂。

在复合材料制品制作过程中,辅助材料如果使用得当,往往会起"锦上添花"的作用。常用辅助材料有固化剂、促进剂、脱模材料、填料、颜料和触变剂等。

(3)工艺过程。图 8-1 所示为复合材料手糊成型基本工艺流程。

(4)工艺特点和应用。手糊成型工艺具有以下优点:

1)产品不受尺寸和形状限制,适宜尺寸大、批量小、形状复杂的产品的生产。

2)不需要复杂的设备,只需要简单的模具、工具,固定投资少、见效快,比较适合我国乡镇企业的发展。

3)生产工艺简单、生产技术易掌握,只需要经过短期培训即可进行生产。

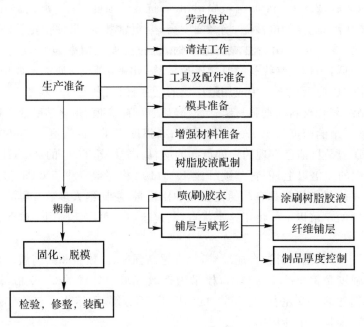

图 8-1　手糊成型基本工艺流程

4)易于满足产品设计需要,可在产品不同部位任意增补增强材料。

5)对一些不宜运输的大型制品(例如大罐、大型屋面)皆可现场制作。

6)制品的树脂含量高,耐腐蚀性能好。

但是手糊成型也存在以下缺点:

1)生产效率低、速度慢、生产周期长、不宜大批量生产。

2)人为因素影响比较大,产品质量不易控制,性能稳定性不高。

3)由于孔隙率和树脂含量高,产品力学性能较低。

4)生产环境差、气味大,加工时粉尘多,易对施工人员造成伤害。

手糊成型工艺制作的复合材料产品的用途比较广泛,主要用于建筑制品、造船业、交通工具、防腐产品、机械电器设备和体育游乐设施等。

2.热压罐成型工艺

(1)工艺原理。热压罐(Hot Air Autoclave 或简写为 Autoclave)是一种针对树脂基复合材料成型的工艺设备,使用这种设备进行成型的工艺方法叫热压罐成型工艺。热压罐成型工艺开始于 20 世纪 40 年代,在 60 年代开始广泛使用,是针对第二代复合材料的生产而研制开发的工艺,尤其在生产蒙皮类零件的时候发挥了巨大的作用,现已作为一种成熟的工艺被广泛使用。由热压罐成型工艺生产的复合材料占整个复合材料产量的 50% 以上,在航空、航天领域的比例高达 80%。热压罐成型工艺已经在各个复合材料零部件生产厂被大量使用。

(2)原材料。热压罐成型工艺用的原材料是一种半成品——预浸料,是由树脂与纤维(织物)复合,制成一定树脂含量的未固化状态的一种中间产品。预浸料是复合材料性能的基础,它的好坏直接关系到复合材料构件的质量。

预浸料按纤维排列形式分类有单向预浸料(指纬向纱线为 0～10％,纤维以径向排列的状态)和织物预浸料。从设计角度而言,单向预浸料最好,因为单向预浸料为设计人员提供设计的随意性,单向预浸料可以根据结构的受力要求改变铺层方式,组成任意的各向异性板,充分发挥纤维的效率。织物预浸料的缺点是纤维方向难于准确控制,但它易于手工铺层,而且经编织体纤维定位,复合材料的螺栓连接性能好。

热压罐成型工艺使用预浸料有以下优点:

1)基体树脂和增强体纤维的比例容易调节,树脂含量易于控制,可以得到不同性能的材料。

2)纤维方向可以设计,充分发挥其固有的力学特性,得到最佳效果。

3)预浸料适用于自动化作业,可方便地使用自动裁剪设备,制成不同形状的零件。

4)在预浸料的生产过程中,从原材料到成品,均经过严格的质量控制,性能稳定,质量可靠。

5)可以文明生产。

(3)工艺过程。复合材料热压罐成型工艺的生产过程主要包括原材料(预浸料)的制备、准备工序(定位准备、模具准备、材料准备)、成型工序(铺叠、封袋、固化、脱模)和修整及检验工序(修整、检验)等工序,图 8-2 所示为热压罐成型工艺流程。

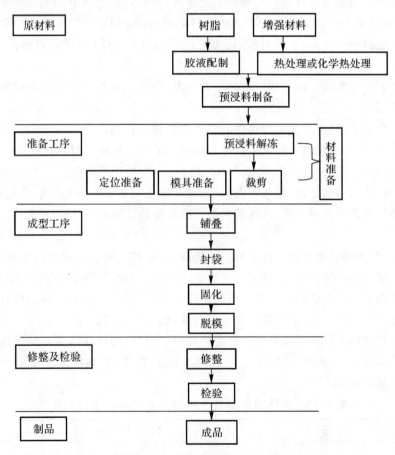

图 8-2 热压罐成型工艺流程

（4）工艺特点。近年来，热压罐成型工艺被视为"高成本"的复合材料结构制造方法，而被排除在"低成本方法"概念体系之外，树脂转移方法与之形成新旧对势，似乎热压罐成型工艺应走向淘汰之路。实际上，热压罐成型工艺在工程应用上无论在成熟度还是在规模化方面还是当今复合材料结构件的主要成型方法，目前高性能复合材料结构件80％以上均采用热压罐成型，这是由热压罐成型的特点决定的，具体如下：

1）罐内压力均匀。因为用压缩的空气或惰性气体或惰性气体与空气的混合气体向热压罐内充气增压，作用在真空袋表面各点法线上的压力相同，使真空袋内的构件在均匀压力下成形，固化。

2）罐内空气温度均匀。因为热压罐内装有大功率的风扇和导风套，加热（或冷却）气体在罐内高速循环，罐内各点气体温度基本一样，在模具尺寸合理的前提下，可保证密封在模具上的构件升降温过程中各点温差不大。一般迎风面和罐头升降温较快，背风面及罐尾升降温较慢。

3）适用范围较广。热压罐成型工艺的模具相对比较简单，效率高，适合于大面积复杂型面的蒙皮、壁板和壳体的成型，可以成型或胶接各种飞机的构件。若热压罐的尺寸大，一次可放置多层模具，同时成型或胶接各种较复杂的结构及不同尺寸的构件。热压罐的温度和压力条件几乎能满足所有树脂基复合材料的成型工艺要求，无论是低温成型的不饱和聚酯树脂基复合材料，还是高温（300～400℃）和高压（>10 MPa）成型的PMR-15和PEEK（PEEK是一种高分子树脂聚醚醚酮的简称）复合材料，还可完成缝纫/RFI（RFI是树脂膜熔渗工艺）等工艺的成型。

4）成型工艺稳定可靠。由于热压罐的压力和温度均匀，可保证成型或胶接构件的质量稳定。零件真空袋的真空度容易控制，一般热压罐成型工艺制造的构件孔隙较低，树脂含量均匀。相对于其他工艺，热压罐成型的构件力学性能稳定、可靠；能保证航空航天胶接结构的胶接质量。迄今为止，要求承载的绝大多数复合材料都采用热压罐成型工艺。

但是，热压罐成型工艺投资和配套成本比较高、运行维护成本很高。与其他成型工艺相比，热压罐系统庞大，结构复杂，属于压力容器，投资建造一套大型热压罐的费用很高；由于每次固化都需要制备真空密封系统，将耗费大量价格昂贵的辅助材料，同时成型中要耗费大量的能源。

（5）应用。热压罐成型工艺适合于制造结构较复杂、尺寸精度要求高的复合材料制件，因此它主要用于航空、航天和兵器等行业。早在20世纪70年代早期，波音公司就已应用热压罐成型工艺制造波音737飞机的扰流板。在此之后，此方法成型的复合材料制件在多种民用飞机和军用飞机上得到广泛应用，制件有次承力制件，也有主承力结构件（见表8-2和表8-3）。热压罐成型复合材料不仅在飞机结构上有大量应用，而且应用热压罐成型的聚酰亚胺复合材料在发动机冷端部件上也有广泛应用。此外，热压罐成型复合材料在体育、医疗和交通等民用行业中也有大量的应用。

表8-2　热压罐成型复合材料在各种军机上的应用

复合材料制件	F-15	F-16	F-18	F-22	F-35	B-1	B-2	AV-8B
门			√	√		√	√	√
方向舵	√							√

续表

复合材料制件	F-15	F-16	F-18	F-22	F-35	B-1	B-2	AV-8B
升降舵								
垂尾	✓	✓	✓	✓	✓	✓		✓
平尾	✓	✓	✓	✓	✓	✓	✓	
副翼					✓			✓
扰流板								
襟翼						✓	✓	✓
翼盒								✓
机身				✓	✓		✓	✓

注:√表示有应用。

表 8-3　热压罐成型复合材料在各种民机上的应用

复合材料制件	Lear Fan	737 Demo	757	767	787	A380	A350
门	✓		✓	✓	✓	✓	✓
方向舵	✓		✓	✓			
升降舵	✓		✓	✓			
垂尾	✓				✓	✓	✓
平尾	✓	✓					
副翼			✓	✓	✓	✓	✓
扰流板		✓					
襟翼	✓		✓		✓		
翼盒					✓	✓	
机身	✓						✓

注:√表示有应用。

3.模压成型工艺

(1)工艺原理。模压成型工艺是指将一定量的模压料(粉状、粒状、片状或丝状等模压料)放入金属对模中,在一定温度和压力下,固化成型为异形制品的工艺方法。

(2)原材料。

1)片状模塑料。片状模塑料(Sheet Molding Compound,SMC)是指用基体树脂(不饱和聚酯树脂和乙烯基酯树脂等)、增稠剂[MgO,$Mg(OH)_2$,CaO 和 $Ca(OH)_2$等]、引发剂、交联剂和填料等混合成树脂糊,浸渍短切玻璃纤维或玻璃纤维毡,并且在两面用聚乙烯(PE)或聚丙烯(PP)薄膜包覆起来形成的片状模压成型材料。

2)块状模塑料/团状模塑料。块状模塑料/团状模塑料(Bulk/Dough Molding Compound,BMC/DMC)是将基体树脂(不饱和聚酯树脂)、低收缩剂、固化剂、填料、内脱模剂和玻璃纤维等经充分混合而成的团状或块状预混料。与片状模塑料的区别主要在形态和制作工艺上。

3)短纤维模压料。短纤维模压料是指以热固性的酚醛、环氧等树脂为基体,以短切纤维(玻璃纤维、高硅氧纤维和碳纤维等)为增强材料,经混合、撕松、烘干等工序制备的纤维模压料。

4)预浸纤维布。预浸纤维布是指以热固性的环氧、酚醛和不饱和聚酯等树脂为基体,以布状纤维(玻璃纤维、碳纤维和芳纶纤维等)为增强材料,经浸胶、烘干、收卷等工序制备的布状纤维模压料。

5)单向预浸料。单向预浸料是指以热固性的环氧、酚醛、不饱和聚酯等树脂为基体,以均匀分布的单向纤维(玻璃纤维、碳纤维和芳纶纤维等)为增强材料,经浸胶、烘干、收卷等工序制备的连续纤维模压料。

6)厚片状模压料(Thick Molding Compound,TMC)。其组成和制作与厚片状模压料相似,厚达50 mm。由于厚片状模压料厚度大,玻璃纤维能随机分布,改善了树脂对玻璃纤维的浸润性。此外,该材料还可以采用注射和传递成型。

7)高强度模压料。高强度模压料(Hight Molding Compound,HMC)和高强度片状模压料主要用于制造汽车部件。高强度模压料中不加或少加填料,采用短切玻璃纤维,纤维含量为65%左右,玻璃纤维定向分布,具有极好的流动性和成型表面,其制品强度约是片状模塑料制品强度的3倍。高强度模压料用定向连续纤维,纤维含量达70%~80%,不含填料。

(3)工艺流程。模压成型工艺流程如图8-3所示。

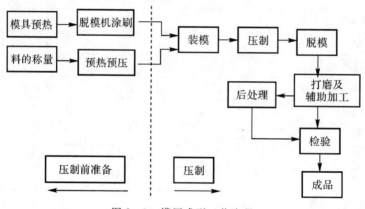

图8-3 模压成型工艺流程

(4)工艺特点。与其他成型工艺相比较,模压成型工艺的特点如下:

优点:①生产效率高,便于实现专业化和自动化生产;②制品尺寸精确,重复性好;③表面光洁,可以有两个精制表面,不需要进行二次修饰;④因为是批量生产,价格相对低廉;⑤多数结构复杂的制品可一次成型,不需要进行有损玻璃钢强度的二次加工;⑥原料的损失小,不会造成过多的损失(通常为制品质量的2%~5%);⑦制品的内应力很低,且翘曲变形也很小,机械性能较稳定;⑧模腔的磨损很小,模具的维护费用较低;⑨成型设备的造价较低,其模具结构较简单,制造费用通常比注塑模具或传递成型模具的低;⑩可成型较大型平板状制品,模压所能成型的制品的尺寸仅由已有的模压机的合模力与模板尺寸所决定;⑪制品的收缩率小且重复性较好;⑫可在一给定的模板上放置模腔数量较多的模具,生产率高;⑬可以适应自动加料与自动取出制品。

缺点:①整个制作工艺中的成型周期较长,效率低,对工作人员有着较大的体力消耗;②不适合对存在凹陷、侧面斜度或小孔等的复杂制品采用模压成型;③在制作工艺中,要想完全充模存在一定的难度,有一定的技术要求;④在固化阶段结束后,不同的制品有着不同的刚度,孔隙对产品性能有所影响;⑤对有很高尺寸精度要求的制品(尤其对多型腔模具),该工艺高不能满足;⑥最后制品的飞边较厚,而去除飞边的工作量大;⑦模压成型的不足之处在于模具制造复杂,投资较大,加上受压机限制,最适合于批量生产中小型复合材料制品。

(5)应用。模压成型工艺主要用于热固性塑料(见热固性树脂)成型,如酚醛、三聚氰胺甲醛和脲甲醛等塑料,也用于制造不饱和聚酯和环氧树脂加玻璃纤维的增强塑料制品。热塑性塑料(见热塑性树脂)也有采用此法成型的,如聚氯乙烯唱片。但热塑性塑料模压时,模具必须在制品脱模前冷却,在下一个制件成型前,又必须把模具重新加热,因此生产效率很低。

模压成型工艺主要用作结构件、连接件、防护件和电气绝缘件的制作,广泛应用于工业、农业、交通运输、电气、化工、建筑和机械等领域。由于模压制品质量可靠,在兵器、飞机、导弹和卫星上也都得到了应用。

4.缠绕成型工艺

(1)工艺原理。缠绕成型是将浸过树脂胶液的连续纤维或布带,按照一定规律缠绕到芯模上,然后在室温或加热条件下固化脱模成为复合材料制品的工艺过程。产品的形状由芯模决定,如图 8-4 所示。

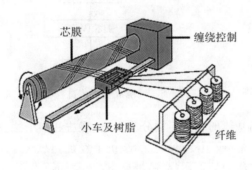

图 8-4　缠绕成型工艺原理

(2)原材料。

1)玻璃纤维。纤维缠绕用玻璃纤维是单束或者是多束粗纱。单束玻璃纤维粗纱通过许多玻璃纤维单丝在喷丝过程中并丝而成,其纱支一般为 47~470 m/kg。玻璃纤维一般都经硅烷偶联剂处理。目前最常用的玻璃纤维是 E-或 S-玻璃纤维,以内抽头或外抽头锭子包装。

2)芳纶纤维。在战略导弹(火箭)发动机壳体制造中广泛使用的杜邦公司的凯芙拉纤维是目前使用最多的芳纶纤维。和玻璃纤维相此,芳纶纤维的比强度得到了很大的提高。芳纶纤维具有的原纤结构使其具有高的耐磨性,因此它在最外层使用可明显改善制件的耐磨性和持久性。但在和其他材料接触时,芳纶纤维可擦伤这些材料。因此在缠绕芳纶纤维时,必须考虑芳纶纤维对和它接触的滑轮等的磨损。

3)碳纤维。碳纤维的比强度尤其是比模量远远高于玻璃纤维,因此航空、航天等领域内对力学性能要求高的结构件大多是采用碳纤维预浸料。随着碳纤维缠绕技术的日渐成熟,碳纤维已广泛应用于导弹、鱼雷发射管、机枪枪架、火箭发射筒等军事领域,以及飞机机身、发动机机匣、燃料胆箱、发动机短舱、飞机副油箱等航空、航天领域,也被用于制作各种耐压管道、气瓶、体育器材、交通产品和医疗器械等民用产品。

（3）工艺过程。缠绕工艺过程一般包括芯模或内衬制造、胶液配制、纤维热处理和烘干、浸胶、胶纱烘干、在一定张力下进行缠绕、固化、检验、加工成制品等工序等。图8-5所示为缠绕成型工艺过程。

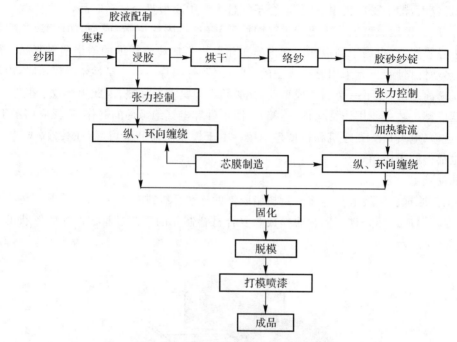

图8-5　缠绕成型工艺过程

缠绕成型工艺按树脂基体的状态不同分为干法、湿法和半干法。

干法缠绕是将预浸纱带（或预浸布），在缠绕机上经加热软化至黏流状态并缠绕到芯模上的成型工艺过程。干法缠绕的特点：制品质量稳定（预浸纱由专用预浸设备制造，能较严格地控制纱带的含胶量和尺寸）；缠绕速度快（100～200 m/min）；缠绕设备清洁，劳动卫生条件好；预浸设备投资大。

湿法缠绕是将无捻粗纱（或布带）经浸胶后直接缠绕到芯模上的成型工艺过程。湿法缠绕工艺的设备比较简单，对原材料的要求不是很严格，便于选择不同的材料。湿法缠绕的优点：①成本比干法缠绕低40%；②产品气密性好，因为缠绕张力使多余的树脂胶液将气泡挤出，并填满空隙；③纤维排列平行度好；④湿法缠绕时，纤维上的树脂胶液，可减少纤维磨损；⑤生产效率高（达200 m/min）。湿法缠绕的缺点：①树脂浪费大，操作环境差；②含胶量及成品质量不易控制；③可供湿法缠绕的树脂品种较少。

半干法缠绕是将无捻粗纱或布带（或布带）浸胶后，随即预烘干，然后缠绕到芯模上的成型工艺方法。半干法缠绕的特点：与湿法相比，增加了烘干工序，除去了溶剂；与干法相比，不需要整套的预浸设备，缩短了烘干时间，使缠绕过程可在室温下进行，提高了制品质量。这种成型工艺既除去了溶剂，提高了缠绕速度，又减少了设备，提高了制品质量，产品中产生气泡、孔隙等缺陷的概率都会大大降低。

（4）工艺特点。纤维缠绕成型工艺作为一种常用的复合材料成型方法，其主要特点如下：

1）易于实现高比强度制品的成型。与其他成型工艺方法相比较，用缠绕工艺成型的复合

150

材料制品中纤维按规定方向排列的整齐度和精确度高,制品可以充分发挥纤维的强度,因此比强度和比刚度均较高,例如,普通玻璃纤维增强复合材的比强度为钢的 3 倍,为钛的 4 倍。

2)易于实现制品的等强度设计。缠绕时可以按照承力要求确定纤维排布的方向、层数和数量,因此易于实现等强度设计,制品结构合理。

3)制造成本低,制造质量高度可重复。缠绕制品所用增强材料大多是连续纤维、无捻粗纱和无纬带等材料,无需要进行纺织,从而减少了工序,降低了成本,同时可以避免布纹交织点与短切纤维末端的应力集中。纤维缠绕工艺容易实现机械化和自动化,产品质量高而稳定,生产效率高,便于大批量生产。

虽然纤维缠绕成型工艺具有诸多优点,但纤维缠绕成型工艺也存在一定的局限性:

1)在缠绕过程中,特别是湿法缠绕过程中易形成气泡,会造成制品内部孔隙过多,从而会降低层间剪切强度,并降低压缩强度和抗失稳能力。因此,在生产中要求采用活性较强的稀释剂,控制胶液黏度,改善纤维的浸润性及适当增大纤维张力等措施,以便于减少气泡。

2)开孔会使缠绕制成的复合材料制品在孔的周围出现应力集中现象,同时层间剪切强度也会降低。因连接需要进行的切割、钻孔或开槽等操作都会降低缠绕结构的强度。因此要对结构进行合理的设计,要尽量避免完全固化后对制品进行切割和钻孔等破坏性操作,如果必须进行开孔、开槽的复合材料制品需要采取局部补强措施。

3)缠绕成型工艺不太适用于带凹曲线部件的制造,因此,其在制品的形状上存在一定的局限性。目前,采用纤维缠绕成型工艺制成的制品多为圆柱体、球体及某些正曲率回转体。非回转体或负曲率回转体制品的缠绕规律和设备都比较复杂,尚处于研究阶段。

(5)应用。尽管缠绕成型工艺非常适合回旋对称结构,但也可以制造出许多形状复杂的零件,包括工字梁、船壳和翼形等。但这需要特殊的工艺步骤,而且在缠绕雉形零件时会导致厚度的不均匀性,脱去芯模是另一个问题,由此也引出许多有创造性的解决方案。这些解决方案包括可碎模具、可溶模具和可拆卸模具等。零件通常在烘箱智能光固化因而孔隙率较高(一般为 3%,而手工铺放工艺的体孔隙率小于 1%)而且表面光洁度差,在固化过程中采用热收缩包紧或加压的办法可以在某种程度上解决这个问题,缠绕成型大量用于火箭发动机罩、管材、压力容器或类似形状的制品的制造,而且是先进复合材料中生产效率最高的制造技术之一。

另外,在国防工业中,缠绕成型工艺可用于制造导弹壳体、火箭发动机壳体和枪炮管等。这些制品大都以高性能纤维为增强材料,树脂基体以环氧树脂居多。而民用工业则采用价格相对低的无碱玻璃粗纱,基体树脂以不饱和聚酯代替环氧树脂,并简化缠绕设备以利于高速生产,特别是在国内防腐领域,主要用此成型法生产管道、容器、贮槽等制品,可用于油田、炼油厂和化工厂,以部分代替不锈钢使用,具有防腐、轻便、耐久和维修方便等优点。

5. 树脂传递模塑成型工艺

(1)工艺原理。树脂传递模塑成型工艺(Resin Transfer Molding,RTM)成型,又称为树脂转移模塑成型或者树脂灌注成型,是将树脂注入闭合模具中浸润增强材料并固化成型的工艺方法,是一种接近最终形状部件的生产方法。

树脂传递模塑成型工艺是先在模腔内预先铺放增强材料预成形体,芯材和预埋件,然后在压力或真空作用力下将树脂注入闭合模腔,浸润其中的增强材料,树脂在室温或升温条件下固化脱模,必要时再对脱模后的制品进行表面抛光、打磨等后处理,得到表面光滑制品的一种高技术复合材料液体模塑成型技术。其基本原理如图 8-6 所示。

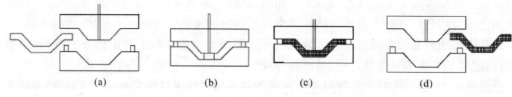

图 8-6　树脂传递模塑成型工艺基本原理
(a)铺放增强材料；(b)注入树脂；(c)固化；(d)脱模

(2)原材料。由于树脂传递模塑成型工艺是低压成型工艺，不仅要求树脂具有较高的力学性能和物理性能，并且要求收缩率较低，还要求树脂具有很低的黏度，以满足树脂对纤维的充分浸润及流动充模的要求。树脂传递模塑成型工艺对树脂体系的要求如下：

1)室温或较低温度下具有低黏度(一般小于 $1.0\ Pa\cdot s$，以 $0.2\sim0.3\ Pa\cdot s$ 工艺性能最佳)，且具有一定的适用期；

2)树脂对增强材料具有良好的浸渍性、黏附性和匹配性；

3)树脂体系具有良好的固化反应性，固化温度不应过高，且有适宜的固化速率。在固化过程中不产生挥发物，不发生不良副反应。但随着真空辅助树脂传递模塑成型工艺的应用，对挥发分的要求有所放宽。

增强材料的种类有 E-玻璃纤维、R-玻璃纤维、S-玻璃纤维，以及各种高强高模量碳纤维、碳化硅纤维和芳纶纤维等。增强材料的使用形式有机织布、短切毡、连续毡、缝边毡和三维立体织物。三维立体织物是通过长短纤维相互交织而获得的三维无缝合的完整结构，其工艺特点是能制作出规则形状及异形实心体，并可以使结构件具有多功能性，即编织多层整体构件，主要应用于对力学性能要求非常高的航空航天结构部件的制造，例如雷达罩等。

(3)工艺过程。图 8-7 所示为树脂传递模塑成型工艺流程示意图。

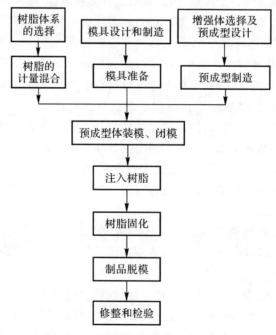

图 8-7　树脂传递模塑成型工艺流程

（4）工艺特点和应用。树脂传递模塑成型工艺以其优异的工艺性能，广泛地应用于舰船、军事设施、国防工程、交通运输、航空、航天和民用工业等领域。其主要有以下特点：

1）模具制造和材料选择灵活性强，根据不同的生产规模，设备的变化也很灵活，制品产量在 1 000～20 000 件/年之间。

2）树脂传递模具成型工艺能够制造具有良好表面质量、高尺寸精度的复杂部件，在大型部件的制造方面优势更为明显。

3）树脂传递模塑成型工艺易实现局部增强和夹芯结构；灵活地调整增强材料的类型、结构设计，以满足从民用到航空航天工业不同性能的要求。

4）树脂传递模塑成型工艺属于一种闭模操作工艺，工作环境清洁，成型过程苯乙烯排放量小。

5）树脂传递模塑成型工艺对原材料体系要求严格，要求增强材料具有良好的耐树脂流动冲刷性和浸润性；要求树脂黏度低，高反应活性，中温固化，固化放热峰值低，浸渍过程中黏度较小，注射完毕后能很快凝胶。

6）低压注射，一般注射压力小于 0.7 MPa，可采用玻璃钢模具（包括环氧模具、玻璃钢表面电铸镍模具等），模具设计自由度高，模具成本低。

7）制品孔隙率较低。与预浸料模压工艺相比，树脂传递模塑成型工艺不需要制备、运输、贮藏冷冻的预浸料，不需要繁杂的手工铺层和真空袋压过程，也不需要热处理时间，操作简单。

但是树脂传递模塑成型工艺由于在成型阶段树脂和纤维通过浸渍过程实现赋形，纤维在模腔中的流动、纤维浸渍过程中以及树脂的固化过程都对最终产品的性能有很大的影响，因而导致了工艺的复杂性和不可控性增大。

8.3　常用树脂基复合材料及应用

8.3.1　玻璃钢

树脂基复合材料中，应用最广泛的是玻璃钢，即玻璃纤维增强塑料（Glass Fiber Reinforced Plastic，GFRP）。玻璃纤维增强塑料是一类采用玻璃纤维增强以酚醛树脂、环氧树脂和聚酯树脂等热固性树脂以及聚酰胺、聚丙烯等热塑性树脂为基体的树脂基复合材料。玻璃纤维具有成本低、不燃烧，耐热且绝热，耐化学腐蚀性能好，抗拉强度和冲击强度高，断裂延伸率小，绝缘性好等优点。玻璃纤维最大的缺陷是弹性模量低，这不利于设计高刚性的结构件。

玻璃纤维增强塑料的突出特点是密度低、比强度高。其密度为 1.6～2.0 g/cm³，比轻金属铝还低；强度接近或超过铜合金和铝合金，而比强度要比最高强度的合金钢还高 3 倍，"玻璃钢"的名称由此而来。因此，玻璃钢在需要轻质高强材料的航空、航天工业首先得到广泛应用，在波音 747 飞机的机内、外结构件中玻璃钢的使用面积达到了 2 700 m²，如雷达罩、机舱门、燃料箱、行李架和地板等。在现代汽车工业中，为了减轻自重、降低油耗，玻璃钢也大显身手，得到了大量应用，如汽车车身、保险杠、车门、挡泥板、灯罩以及内部装饰件等。

除了比强度高外，玻璃钢还具有良好的耐腐蚀性能，在酸、碱、海水，甚至有机溶剂等介质中都很稳定，耐腐蚀性超过了不锈钢。因此，在石油化工工业中玻璃钢得到了广泛应用，如玻璃钢制成的贮罐、容器、管道、洗涤器和冷却塔等。

此外,玻璃钢具有透光、隔热、隔音和防腐等性能,因而可作为轻质建筑材料(如用于建筑工程的各种玻璃钢型材),这是玻璃钢应用最广泛的领域之一。采用玻璃钢制作的体育用品也越来越多,大到快艇、帆船、滑雪车,小到自行车赛车、滑雪板等,应有尽有。

玻璃钢的主要缺点是弹性模量较小,只有钢的 $1/10 \sim 1/5$。因此,玻璃钢在用作受力构件时,往往强度有余,而刚度较差容易变形。此外,玻璃钢受基体的影响,还有耐热性差、易老化和蠕变等缺点。随着玻璃钢弹性模量的改善、耐高温性能的提高、抗老化性能的改进,特别是生产工艺和产品质量的稳定,玻璃钢在各个领域中的应用一定会有更大的发展。

8.3.2 碳纤维增强树脂基复合材料

尽管玻璃钢比强度高,但和其他纤维增强树脂基复合材料相比,比模量低,这是由玻璃纤维的模量较低所造成。因此,在要求高模量的结构件中,往往采用其他高模量的纤维,如碳纤维、凯芙拉纤维、硼纤维或碳化硅纤维等增强。其中应用最广泛的是碳纤维增强树脂基复合材料(Carbon Fiber Reinforced Plastic/Polymer,CFRP)。碳纤维具有密度小、电阻小、热膨胀系数低、强度高、模量高、导热、耐高温、抗化学腐蚀和自润滑等优点,缺点是抗冲击和高温氧化性差。

碳纤维增强树脂基复合材料密度更低,具有比玻璃钢更高的比强度和比模量,比强度是高强度钢和钛合金的 $5 \sim 6$ 倍,是玻璃钢的 2 倍,比模量是这些材料的 $3 \sim 4$ 倍。同时,碳纤维增强树脂基复合材料还耐水和湿气,化学稳定性高,摩擦因数小,导热性好,受 X 射线辐射时强度和模量不发生变化。其缺点是碳纤维和树脂的黏结力不够大,各向异性突出,耐高温性能差。总之,比玻璃钢的性能普遍优越。

碳纤维增强树脂基复合材料在航空工业中作为主结构材料,首先在军用飞机中得到应用,如美国 F-14,F-16,F-18 上主翼外壳、后翼、垂直安定面、水平和垂直尾翼等,军用直升机主旋翼和机身等。同样,在民用飞机中也在大量采用碳纤维增强树脂基复合材料,波音最新研制的波音 787 梦想客机所使用的材料中,复合材料占比亦达到 50%,全机主要结构均将用树脂基复合材料制成,包括机翼、机身、垂尾、平尾、方向舵、地板梁及部分舱门、整流罩等。

随着碳纤维的研究开发工作的深入,碳纤维价格在不断降低,因此在玻璃钢应用的一些领域也开始采用更轻、更强和刚性更好的碳纤维增强树脂基复合材料。如体育用品中的网球拍、高尔夫球杆、钓鱼竿和 F-1 方程式赛车车身。同样,为减轻车体质量,降低油耗,提高车速,在汽车的部分部件也开始采用碳纤维增强树脂基复合材料,甚至在大型混凝土结构遭受一定的破坏后(如地震),用碳纤维增强树脂基复合材料片材进行修复,这可节省大量资金。

<h2 style="text-align:center">习　　题</h2>

1. 什么叫复合材料?复合材料如何进行分类?
2. 复合材料有哪些性能特点?
3. CFRP 和 GFRP 分别表示什么材料?
4. 热塑性和热固性复合材料有何区别?
5. 树脂基复合材料在飞机上应用有何优势?
6. 树脂基复合材料的成型工艺有何特点?

附　录

黑色金属材料 硬度值换算表 (GB1T 1172—1999)

| 洛氏硬度 | | 维氏硬度/HV | 布氏硬度/HB | 洛氏硬度 | | 维氏硬度/HV | 布氏硬度/HB | 洛氏硬度 | | 维氏硬度/HV | 布氏硬度/HB | 洛氏硬度 | | 维氏硬度/HV |
HRA	HRC			HRA	HRC			HRA	HRC			HRA	HRC	
86.6	70.0	1037		78.5	55.0	599	370	70.5	40.0	377	269		28.0	274
86.3	69.5	1017		78.2	54.5	589	365	70.3	39.5	372	266		27.5	271
86.1	69.0	997		77.9	54.0	579	360	70.0	39.0	367	263		27.0	268
85.8	68.5	978		77.7	53.5	570	355		38.5	362	260		26.5	264
85.5	68.0	959		77.4	53.0	561	350		38.0	351	257		26.0	261
85.2	67.5	941		77.1	52.5	551	345		37.5	352	254		25.5	258
85.0	67.0	923		76.9	52.0	543	341		37.0	347	251		25.0	255
84.7	66.5	906		76.6	51.5	534	336		36.5	342	248		24.5	252
84.4	66.0	889	501	76.3	51.0	525	332		36.0	338	245		24.0	249
84.1	65.5	872	494	76.1	50.5	517	327		35.5	333	242		23.5	246
83.9	65.0	856	488	75.8	50.0	509	323		35.0	329	240		23.0	243
83.6	64.5	840	481	75.5	49.5	501	318		34.5	324	237		22.5	240
83.3	64.0	825	474	75.2	49.0	493	314		34.0	320	234		22.0	237
83.1	63.5	810	468	75.0	48.5	485	310		33.5	316	232		21.5	234
82.8	63.0	795	461	74.7	48.0	478	306		33.0	312	229		21.0	231
82.5	62.5	780	455	74.5	47.5	470	302		32.5	308	227		20.5	229
82.2	62.0	766	449	74.2	47.0	463	298		32.0	304	225		20.0	226
82.0	61.5	752	442	73.9	46.5	456	294		31.5	300	222		19.5	223
81.7	61.0	739	436	73.7	46.0	449	291		31.0	296	220		19.0	221
81.4	60.5	726	430	73.4	45.5	443	287		30.5	292	218		18.5	218
81.2	60.0	713	424	73.2	45.0	436	283		30.0	289	216		18.0	216
80.9	59.5	700	418	72.9	44.5	429	280		29.5	285	214		17.5	214
80.6	59.0	688	413	72.6	44.0	423	276		29.0	281	211		17.0	211
80.3	58.5	676	407	72.4	43.5	417	273		28.5	278				
80.1	58.0	664	401	72.1	43.0	411								
79.8	57.5	653	396	71.8	42.5	405								
79.5	57.0	642	391	71.6	42.0	399								
79.3	56.5	631	385	71.3	41.5	393								
79.0	56.0	620	380	71.1	41.0	388								
78.7	55.5	609	375	70.8	40.5	382								

参 考 文 献

[1]　张琳,王仙萌.航空工程材料[M].北京:国防工业出版社,2016.

[2]　程秀全,刘晓婷.航空工程材料[M].2版.北京:国防工业出版社,2015.

[3]　袁江顺,刘全峰.工程材料及热加工[M].武汉:华中科技大学出版社,2005.

[4]　杨瑞成,丁旭,胡勇,等.机械工程材料[M].2版.重庆:重庆大学出版社,2004.

[5]　张至丰.机械工程材料及成形工艺基础[M].北京:机械工业出版社,2006.

[6]　李炜新.金属材料及热处理[M].北京:机械工业出版社,2008.

[7]　王忠.机械工程材料[M].北京:清华大学出版社,2005.

[8]　许德珠.机械工程材料[M].2版.北京:高等教育出版社,2001.

[9]　王贵斗.金属材料及热处理[M].北京:机械工业出版社,2014.

[10]　蒲永峰.汽车工程材料[M].重庆:重庆大学出版社,2011.

[11]　刘智恩.材料科学基础[M].2版.西安:西北工业大学出版社,2003.

[12]　萧聪明.高分子物理导读[M].北京:科学出版社,2012.

[13]　王兵.分子构造的世界——高分子发现的故事[M].2版.广州:广东教育出版社,2008.

[14]　刘劲松,蒲玉兴.航空材料及热处理[M].北京:国防工业出版社,2008.

[15]　徐吉林.航空材料概论[M].哈尔滨:哈尔滨工业大学出版社,2013.

[16]　黄发荣,周燕.先进树脂基复合材料[M].北京:化学工业出版社,2008.

[17]　谢富原.先进复合材料制造技术[M].北京:航空工业出版社,2017.

[18]　包建文.高效低成本复合材料及其制造技术[M].北京:国防工业出版社,2012.

[19]　黄家康.复合材料成型技术及应用[M].北京:化学工业出版社,2011.

[20]　潘利剑,张彦飞.先进复合材料成型工艺图解[M].北京:化学工业出版社,2015.

[21]　唐见茂.高性能纤维及复合材料[M].北京:化学工业出版社,2012.

[22]　邹宁宇.玻璃钢制品手工成型工艺[M].2版.北京:化学工业出版社,2006.

[23]　牛春匀.实用飞机复合材料结构设计与制造[M].北京:航空工业出版社,2010.

[24]　郭金树.复合材料件可制造性技术[M].北京:航空工业出版社,2009.

[25]　复材在线:http://www.frponline.com.cn

[26]　复材中国:http://www.fuhex.com